大学物理实验

主　编　佟　蕾　李　微　葛鑫磊
副主编　吴志颖　肖瑞杰　张研研　滕　香　周淑君

DAXUE WULI SHIYAN

高等教育出版社·北京

内容简介

本书依据《理工科类大学物理实验课程教学基本要求》(2010年版)编写而成。本书结合理工科非物理学类专业大学物理实验课程的特点,精选了关于力学、热学、电磁学和光学的21个实验题目。本书绪论介绍了大学物理实验课程的地位、作用、教学目的、教学程序和基本要求;第一章介绍了物理量的测量、误差和不确定度以及常用的数据处理方法;第二章介绍了基础性实验,包括7个题目,涵盖大学物理实验常用的几种基本仪器的使用方法;第三章介绍了综合性实验,包括14个题目;附录1给出了大学物理实验常用数据;附录2以活页的形式提供了实验报告表格。

本书可作为普通高等学校理工科非物理学类专业大学物理实验课程的教材或参考书,也可供其他相关人员参考。

图书在版编目(CIP)数据

大学物理实验 / 佟蕾,李微,葛鑫磊主编. --北京:高等教育出版社,2022.3

ISBN 978-7-04-058056-3

Ⅰ.①大… Ⅱ.①佟… ②李… ③葛… Ⅲ.①物理学-实验-高等学校-教材 Ⅳ.①O4-33

中国版本图书馆 CIP 数据核字(2022)第 020863 号

DAXUE WULI SHIYAN

策划编辑 马天魁	责任编辑 马天魁	封面设计 王凌波	版式设计 徐艳妮
插图绘制 黄云燕	责任校对 胡美萍	责任印制 赵义民	

出版发行	高等教育出版社	网 址	http://www.hep.edu.cn
社 址	北京市西城区德外大街4号		http://www.hep.com.cn
邮政编码	100120	网上订购	http://www.hepmall.com.cn
印 刷	北京中科印刷有限公司		http://www.hepmall.com
开 本	787mm×1092mm 1/16		http://www.hepmall.cn
印 张	12.25		
字 数	280 千字	版 次	2022 年 3 月第 1 版
购书热线	010-58581118	印 次	2022 年 3 月第 1 次印刷
咨询电话	400-810-0598	定 价	24.80 元

本书如有缺页、倒页、脱页等质量问题,请到所购图书销售部门联系调换

前　言

　　大学物理实验是高等学校理工科类各专业的重要课程之一,也是理工科学生必修的一门基础实验课程。大学物理实验是对学生进行实验教育的入门课程,其教学目的是使学生在学习物理实验基础知识的同时,受到专业的训练,掌握初步的实验能力,养成良好的实验习惯和严谨的科学作风。这对学生学习后续课程和未来从事技术或科研工作,都将起到重要的作用。

　　本书依据《理工科类大学物理实验课程教学基本要求》(2010年版)编写而成。本书结合我校理工科非物理学类专业的大学物理实验课程特点,精选了关于力学、热学、电磁学和光学的 21 个实验题目。这些题目按照大学物理课程教材内容的顺序编排,由浅入深,由基础到综合,使学生的科学实验能力得到逐步的提升。本书前面介绍了物理量的测量、误差和不确定度以及常用的数据处理方法。本书实验分为基础性实验和综合性实验。基础性实验的目的是让学生掌握各种基本实验仪器的测量方法和读数方法,学会正确记录和处理实验数据,为进一步学习打下基础;综合性实验所用的仪器和方法都是近几年实验室建设过程中新引进的实验仪器和测量方法,它们在一定程度上反映了我校近年来大学物理实验课程教学改革和发展的趋势。在附录 2 部分,本书以活页的形式提供了实验报告表格,以方便学生参考或取用。

　　本书是在大学物理实验教学经验积累的基础上,以原有的实验教材为蓝本编写而成的,是全体实验教师和实验技术人员努力工作、不断改革和创新的结果,是集体智慧和劳动的结晶。在编写本书的过程中,我们得到了学校各级领导和相关部门同事的支持和帮助,借鉴了许多兄弟院校的优秀教材及相关仪器生产厂家的使用说明书,在此一并表示衷心的感谢。

　　由于编者的知识水平和教学经验有限,书中难免有不完善和不妥当之处,恳请广大读者提出宝贵意见。

编　者
2021 年 8 月

目　录

绪 论

一、大学物理实验课程的地位和作用

物理学本质上是一门实验科学,物理学新概念的确立和新规律的发现要依赖于实验。例如,杨氏双缝干涉实验确立了光的波动理论,赫兹发现电磁波的存在使麦克斯韦电磁场理论获得了普遍的认可。

由于实验在物理学中的地位非常重要,所以以培养高素质创新人才为目的的高等学校不仅要重视学生的理论课程,更要培养学生的实践能力。大学物理实验是高等学校理工科类专业对学生进行科学实验基本训练的必修基础课程,是本科生接受系统实验方法和实验技能训练的开端。

大学物理实验作为大学物理课程的一部分,具有独特的教学目的、教学方法和教学内容。物理实验课的训练不仅能使学生掌握一般的实验技能,而且能提升学生科学实验的综合能力和科学素养。在实验过程中,学生需要独立安装、调试仪器,分析现象和排除故障,这锻炼了学生的操作能力;学生需要自行分析问题和解决问题,这锻炼了学生的综合分析能力、总结表达能力。有些实验需要小组合作,这增加了学生的团队协作能力。设计性实验还培养了学生的创新思维。实验还能培养学生实事求是的科学态度,努力钻研的科学精神,等等。这些都能为学生将来的学习和工作打下良好的基础。

二、大学物理实验课程的教学目的

大学物理实验是对学生进行实验教育的入门课程,其教学目的是使学生在学习物理实验基础知识的同时,受到专业的训练,掌握初步的实验能力,养成良好的实验习惯和严谨的科学作风。

大学物理实验应使学生掌握科学实验的基本步骤和方法,同时提高学生的综合能力。大学物理实验应教会学生如何预习实验、如何使用各种基本测量仪器、如何正确读数、如何正确记录和处理实验的数据以及如何归纳总结实验结果并撰写实验报告,在此过程中要培养学生的自学能力、思维分析能力、查找资料能力、书写表达能力等。

在实验课上,虽然有教师的指导,但学生的活动仍有较大的独立性。我们期望同学们以研究的态度去组装实验装置,进行观测与分析,探讨最佳实验方案,从中积累经验、技巧和智慧,为以后独立设计实验装置和解决新的实验课题作好准备。

三、大学物理实验课程的教学程序

大学物理实验课程的教学程序主要包括以下三个步骤。

1. 课前预习

为了保质保量按时完成实验内容,学生应在课前进行预习。学生在实验前要认真阅读教材,通过查找相关资料弄清楚课前预习中的问题,了解实验目的,明确基本的实验步骤和注意事项,掌握实验数据处理的基本方法,并写出简明的预习报告。预习报告的格式及内容如下。

(1)实验目的:可参考教材并加上自己对实验的理解,字数不限。

(2)实验仪器:列举本次实验所用到的仪器,在可能的情况下标出仪器型号及使用方法。

(3)实验原理:这部分是预习报告的重点内容,应在充分理解教材内容的基础上,概括性地叙述本次实验的基本原理和测量方法,包括理论依据、公式推导及图示(电路图或光路图)等。

(4)实验内容:列举本次实验的操作内容及测量步骤。

(5)数据记录及处理:根据测量内容的要求列出数据表格(可参考或取用本书附录2),以及处理数据时要用到的公式。

预习报告是实验报告不可或缺的一部分,要求字迹工整、文字简练、内容全面,并在第一页的右上角写上学生姓名及学号。学生必须统一用 A4 纸认真撰写预习报告(不能用红笔或铅笔)。

2. 课堂实验

在课堂实验过程中,学生要在教师的指导下,按顺序认真完成每一个实验步骤。

(1)签到:进入实验室后,要先在学生签到表及仪器使用记录上签字,并上交预习报告。

(2)认真听讲:实验前,教师会作简要的讲解,学生要认真听讲,了解实验中的关键步骤和注意事项,避免出现错误,以保证在规定时间内完成实验,减少实验误差。

(3)仪器调节:要细心调节仪器至所要求的工作状态,如力学、热学实验中某些仪器的水平或竖直状态,光学仪器的共轴,以及电磁学实验中实验元件的安全待测状态等。尤其是在电学实验中,一定要在教师核查电路并确认无误后才能接通电源。

(4)观察和测量:在实验中,要仔细观察、积极思考、规范操作、认真记录。要在实验所具备的客观条件(如温度、压力及仪表精度)下,实事求是地进行观察和测量,切忌抄、改数据。要学会初步分析和处理问题的方法,在仪器发生故障时,要冷静处理,要在教师指导下学会排除故障的方法,有意识地培养主动思考、独立工作的能力,提高分析问题和解决问题的能力。

(5)数据记录:在实验过程中,应如实记录实验数据,注意数据书写的规范性。除了记录实验数据外,还应记录影响实验结果的相关因素(如温度、空气湿度、大气压强等)以及实验仪器的规格、型号和准确度等。

（6）整理仪器：实验数据及仪器使用记录经任课教师审查签字通过，并将实验仪器、桌椅整理整齐后，方可离开实验室。

3. 课后报告

实验结束后，学生要对实验数据进行处理，并且完成实验报告。实验报告包括以下内容：

（1）实验时间、实验地点、院系、班级、姓名和学号。

（2）实验课和实验题目的名称。

（3）实验目的。

（4）实验仪器，包括实验使用的所有仪器、量具和材料，以及它们的规格和型号等。

（5）实验原理。按照自己对实验的理解阐述实验原理，写出必要的原理公式，画出原理图（电路图或光路图等），说明公式中各个物理量的意义和单位。

（6）实验内容及步骤。简明扼要地写出实验的主要内容和步骤。

（7）数据处理。将原始数据转记于报告纸上（原始数据也要附在报告纸的后面，以便教师核查）。需要列表的和作图的要有相应的表格和图形。写出数据处理的主要过程，并计算出最终结果。结果书写要规范，单位要准确。

（8）分析讨论。回答思考题并分析讨论实验结果。要分析实验中产生误差的主要原因，并提出改进建议。

四、大学物理实验课程的基本要求

为了使学生养成良好的实验习惯和严肃认真的工作作风，同时为了保证学生安全、顺利地完成实验课程，特制定实验要求如下：

（1）应严格遵守实验时间，不得迟到或旷课。

（2）在实验前应认真预习，并完成预习报告。进入实验室后，应先将预习报告交由教师检查，合格后方可进行实验。实验前应准备好必备的物品，如文具、计算器和草稿纸等，对于需要作图的实验，应提前准备好铅笔、坐标纸和刻度尺。

（3）实验前应检查桌面仪器是否齐全，是否有损坏或短缺，有问题应及时报告教师，不得私自调换其他组的实验器材。

（4）在实验过程中要认真细致，爱护实验仪器，严格遵守各种仪器的操作规程及注意事项。尤其是在电学实验中，电路连接好后，应先由教师检查，确认无误后方可通电。

（5）实验数据须经教师检查并签字。实验结束后应将仪器恢复原状，桌椅摆放整齐，并填写仪器使用记录。如有仪器损坏应及时报告教师或实验室工作人员。

（6）在实验过程中，禁止大声喧哗，要保持实验室卫生，将书包、手机等物品放到指定位置。

（7）实验报告必须在实验后一周内上交给实验教师。如无特殊说明，逾期不交者报告成绩记零分。

第一章　误差理论与数据处理

第一节　测量与误差

1. 测量

在物理实验中,我们不仅要观察物理现象,而且要测量物理量的大小。所谓测量,就是利用某种仪器将被测量与标准量进行比较,从而确定被测量对象的量值的过程。

（1）按测量方法不同,测量可分为直接测量和间接测量。

① 直接测量。用计量仪器直接读出被测量对象的量值,这称为直接测量。例如,用米尺测量物体的长度,用天平称物体的质量。仪表上所标明的刻度值或从显示装置上直接读取的数值,都是直接测量的量值,称为实验原始数据。

② 间接测量。根据待测量和某几个直接测量量的函数关系求出待测量的量值,这称为间接测量。例如,用单摆测重力加速度 g 时,可以先测出摆长 L 和周期 T,再用公式 $g = (4\pi^2/T^2)L$ 算出 g,这里对 g 的测量就是间接测量。

由此可见,直接测量是间接测量的基础。在物理实验中,对许多物理量的测量都是间接测量。

（2）按测量条件不同,测量可分为等精度测量和非等精度测量。

① 等精度测量。在相同条件下,对某物理量所进行的多次重复测量称为等精度测量。所谓相同条件,是指同一个人,用同一台仪器,而且每次测量的环境都相同（如温度、照明情况等）。

② 非等精度测量。若测量条件在测量过程中有变化,则这种测量称为非等精度测量。由于非等精度测量的数据处理涉及的加权计算比较复杂,所以在大学物理实验中,我们一般采用等精度测量。如无特殊说明,本书所涉及的测量都是等精度测量。

2. 测量误差

测量的目的是要获得待测物理量的真值。所谓真值,是指在一定条件下,某物理量客观存在的真实值。由于测量仪器的局限、理论或测量方法的不完善、实验条件的不理想及观测者不熟练等原因,测量值与真值之间总是存在着一定的差异。这种差异称为测量误差。测量误差的定义为

$$测量误差 = 测量值 - 真值 \qquad (1.1\text{--}1)$$

它反映了测量值偏离真值的大小和方向,故又称为绝对误差。一般来说,真值仅是一个理想的概念,只有理论上的意义。在实际测量中,我们只能根据测量值来确定测量的最

佳值,通常取多次重复测量的平均值作为最佳值。需要特别注意的是,任何量值都必须标有单位,单纯的数值一般不具有物理意义。

绝对误差可以用来评价某一测量结果的可靠程度,但若要比较两个或两个以上的不同测量结果时,就需要用相对误差来评价测量的优劣。相对误差的定义为

$$相对误差 = \frac{绝对误差}{测量最佳值} \times 100\% \tag{1.1-2}$$

有时被测量对象有公认值或理论值,还可用百分误差来评价测量的优劣。

$$百分误差 = \left| \frac{测量最佳值 - 理论值}{理论值} \right| \times 100\% \tag{1.1-3}$$

任何测量都不可避免地存在误差,因此一个完整的测量结果应该包括误差。因此,实验者应根据实验要求和误差限度来制订或选择合理的测量方案和仪器,分析测量中可能产生的各种误差,尽可能消除其影响,并对测量结果中未能消除的误差作出估计。

3. 误差的分类

误差按其性质及其产生原因,可分为系统误差、随机误差及粗大误差。

(1) 系统误差。如果在多次测量同一物理量时,误差的大小和符号保持不变或者按某种确定的规律变化,那么称其为系统误差。

系统误差产生的原因是测量规定条件不满足或测量方法不完善等,主要有以下几个方面:仪器本身的缺陷(如刻度不准、不均匀或零点没校准等);理论公式或测量方法的近似性(如用伏安法测电阻时没考虑电表的电阻,用单摆周期公式 $T = 2\pi\sqrt{L/g}$ 测重力加速度 g 的近似性);环境影响(温度、湿度、光照等与仪器要求的环境条件不一致);实验者的个人因素(如操作滞后或超前,读数总是偏大或偏小)等。由上述特点可知,在相同条件下,单纯增加测量次数是不能有效消除或减小系统误差的。要注意查找产生系统误差的原因,这样才能采取适当的方法来消除或减小其影响,并对结果进行修正。实验中一定要注意消除或减小系统误差。

(2) 随机误差。在同一条件下,多次测量同一物理量时,若误差时大时小,时正时负,以无规则的方式变化,则称其为随机误差。

随机误差是由某些偶然的或不确定的因素所引起的。例如,实验者受到感官的限制,读数会有起伏;实验环境(温度、湿度、风、电源电压等)无规则地变化,或被测量对象自身存在涨落等。这些因素的影响一般是微小的、混杂的,并且是无法排除的。

对某一次测量来说,随机误差的大小和符号都无法预计,完全出于偶然。但大量实验表明,在一定条件下对某物理量进行足够多次的测量时,其随机误差就会表现出明显的规律性,即随机误差遵循一定的统计规律:正态分布(又称高斯分布)、均匀分布和 t 分布,其中最常见的是正态分布。正态分布的特征可以用正态分布曲线形象地表示出来,如图 1.1-1(a)所示,图中横坐标 x 表示某一物理量的测量值,纵坐标 $f(x)$ 表示该测量值的概率密度,有

$$f(x) = \frac{1}{\sigma\sqrt{2\pi}} \exp\left[-\frac{1}{2}\left(\frac{x-\mu}{\sigma} \right)^2 \right] \tag{1.1-4}$$

式中 μ 表示 x 出现概率最大的值,在消除系统误差后,μ 为真值。σ 称为标准偏差,它是

表征测量值离散程度的一个重要参量。σ 大,表示 $f(x)$ 曲线矮而宽,x 的离散性显著,测量的精密度低;σ 小,表示 $f(x)$ 曲线高而窄,x 的离散性不显著,测量的精密度高,如图 1.1-1(b)所示。

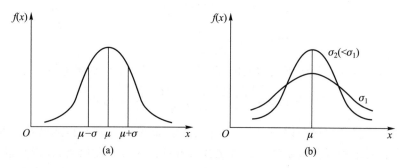

图 1.1-1　随机误差的正态分布曲线

由图 1.1-1(a)可知,正态分布型随机误差有以下一些特性。

① 单峰性:绝对值小的误差出现的概率比绝对值大的误差出现的概率大。

② 对称性:绝对值相等的正误差和负误差出现的概率相同。

③ 有界性:在一定条件下,绝对值很大的误差出现的概率趋于零。也就是说,误差的绝对值不超过一定的值,这个值称为极限误差。

④ 抵偿性:随着测量次数的增加,随机误差的算术平均值趋于零,即

$$\lim_{n \to \infty} \frac{1}{n} \sum_{i=1}^{n} \Delta x_i = 0$$

定义 $P = \int_{x_1}^{x_2} f(x)\mathrm{d}x$ 表示变量 x 在 (x_1, x_2) 区间内出现的概率,称其为置信概率(简称概率)。x 出现在 $(\mu-\sigma, \mu+\sigma)$ 区间的概率为

$$P = \int_{\mu-\sigma}^{\mu+\sigma} f(x)\mathrm{d}x = 0.683$$

这说明对任一次测量,其测量值出现在 $(\mu-\sigma, \mu+\sigma)$ 区间内的概率为 0.683。为了给出更高的置信概率,置信区间可扩展为 $(\mu-2\sigma, \mu+2\sigma)$ 和 $(\mu-3\sigma, \mu+3\sigma)$,其置信概率分别为

$$P = \int_{\mu-2\sigma}^{\mu+2\sigma} f(x)\mathrm{d}x = 0.954$$

$$P = \int_{\mu-3\sigma}^{\mu+3\sigma} f(x)\mathrm{d}x = 0.997$$

由此可见,x 落在 $(\mu-3\sigma, \mu+3\sigma)$ 区间以外的概率很小,故称 3σ 为极限误差。

（3）粗大误差。测量时,由于观测者不正确地使用仪器,粗心大意,观察错误或记错数据而导致测量结果不正确,这种误差称为粗大误差。它实际上是一种测量错误,相应数据应予以剔除。

关于如何处理可疑数据,我们在此只介绍格拉布斯准则。给出一个和数据个数 n 相联系的系数 G_n(见表 1.1-1),若已知数据个数 n,算术平均值 $\overline{x}$ 和标准偏差 σ,则可以保留的测量值 x_i 的范围为

$$\overline{x} - G_n \sigma \leqslant x_i \leqslant \overline{x} + G_n \sigma \tag{1.1-5}$$

表 1.1-1　G_n 系数表

n	3	4	5	6	7	8	9	10	11	12	13
G_n	1.15	1.46	1.67	1.82	1.94	2.03	2.11	2.18	2.23	2.28	2.33
n	14	15	16	17	18	19	20	22	25	30	
G_n	2.37	2.41	2.44	2.48	2.50	2.53	2.56	2.60	2.66	2.74	

4. 定性评价测量结果的三个名词

在实验中,人们常用准确度、精密度和精确度这三个不同的名词来评价测量结果。准确度高,是指测量结果与真值的符合程度高,反映了测量结果的系统误差小。精密度高,是指重复测量所得结果相互接近程度高(即离散程度小),反映了测量结果的随机误差小。精确度高,是指测量数据比较集中,且逼近于真值,反映了测量结果的随机误差和系统误差都比较小。我们希望获得精确度高的测量结果。

第二节　不确定度和测量结果的表示

1. 测量的不确定度

不确定度是指由于测量误差的存在而对被测量值不能肯定的程度,它给出了测量结果不能确定的误差范围。不确定度更能反映测量结果的性质,在国内外已经被普遍采用。不确定度一般包含多个分量,按其数值的评定方法可归并为两类:用统计方法对具有随机误差性质的测量值计算获得的 A 类分量 u_A 以及用非统计方法计算获得的 B 类分量 u_B。

不确定度一般保留 1~2 位有效数字。当首位数字大于或等于 3 时,不确定度保留 1 位有效数字;小于 3 时保留 2 位有效数字,后面的数字"只进不舍"(非零即进)。例如:测量某物体的长度,计算得到的不确定度为 $u = 0.3316$ mm,应保留为 $u = 0.4$ mm;若 $u = 0.2316$ mm,则应保留为 $u = 0.24$ mm。在计算的中间过程中,不确定度可以多保留 1 位有效数字。

2. 不确定度的分类

(1) 多次测量的平均值的标准偏差。由于存在误差,所以我们不可能得到真值,而只能对真值进行估算。根据随机误差的特点,可以证明:对一个物理量进行相当多次测量之后,其分布曲线趋于对称分布,算术平均值就是接近真值的最佳值。设在相同条件下,对某物理量 X 进行 n 次等精度测量,每次测量值为 X_i,则算术平均值(简称平均值) $\bar{X}$ 为

$$\bar{X} = \frac{\sum_{i=1}^{n} X_i}{n} \tag{1.2-1}$$

若测量次数 n 有限,则任一测量值的标准偏差可由贝塞尔公式近似地给出:

$$\sigma_X = \sqrt{\frac{\sum\limits_{i=1}^{n} (X_i - \bar{X})^2}{n-1}} \qquad (1.2\text{-}2)$$

其意义为任一次测量的结果落在 $(\bar{X}-\sigma_X, \bar{X}+\sigma_X)$ 区间的概率为 0.683。

由于算术平均值 $\bar{X}$ 是测量结果的最佳值,所以我们更希望知道 $\bar{X}$ 对真值的离散程度。由误差理论可以证明,算术平均值 $\bar{X}$ 的标准偏差为

$$\sigma_{\bar{X}} = \frac{\sigma_X}{\sqrt{n}} = \sqrt{\frac{\sum\limits_{i=1}^{n} (X_i - \bar{X})^2}{n(n-1)}} \qquad (1.2\text{-}3)$$

上式说明,算术平均值的标准偏差 $\sigma_{\bar{X}}$ 是 n 次测量中任意一次测量值标准偏差 σ_X 的 $\frac{1}{\sqrt{n}}$。$\sigma_{\bar{X}}$ 小于 σ_X 是因为算术平均值是测量结果的最佳值,它比任意一次测量值都更接近真值。$\sigma_{\bar{X}}$ 的物理意义是真值处于 $(\bar{X}-\sigma_{\bar{X}}, \bar{X}+\sigma_{\bar{X}})$ 区间内的概率为 0.683。

上述结果是在测量次数相当多时,依据正态分布理论求得的。然而在大学物理实验中,测量次数往往较少(一般为 $n<10$),在这种情况下,测量值将呈 t 分布。要想得到与相当多次测量相同的置信概率,需要在算术平均值的标准偏差前面乘上一个与测量次数和置信概率有关的因子 t_P,其值可通过查 t 分布表得到。

(2) A 类不确定度。A 类不确定度是指在多次等精度测量中用统计方法估算出的不确定度分量,是针对随机误差的,可以用算术平均值 $\bar{X}$ 的标准偏差乘以因子 t_P 求得。在大学物理实验中,当置信概率取 0.683,测量次数 $6 \leqslant n \leqslant 10$ 时,$t_P \approx 1$,则 A 类不确定度 $u_A(X)$ 可近似地直接取为算术平均值 $\bar{X}$ 的标准偏差,即

$$u_A(X) = \sigma_{\bar{X}} = \sqrt{\frac{\sum\limits_{i=1}^{n} (X_i - \bar{X})^2}{n(n-1)}} \qquad (1.2\text{-}4)$$

(3) B 类不确定度。B 类不确定度是用非统计方法计算获得的不确定度分量,是针对系统误差的。对它的估计应考虑到影响测量准确度的各种可能因素,这有赖于实验者的学识、经验以及分析和判断能力。从大学物理实验教学的实际出发,我们通常主要考虑仪器误差,有的依据计量仪器说明书或鉴定书,有的依据仪器的准确度等级,有的则粗略地依据仪器分度值或经验获得最大允差 Δ(如果查不到该类仪器的最大允差,可取 Δ 等于分度值或某一估计值,但要注明)。此类误差一般可视为均匀分布,而 $\Delta/\sqrt{3}$ 为均匀分布的标准偏差,则 B 类不确定度(又称不确定度的 B 类分量)$u_B(X)$ 为

$$u_B(X) = \frac{\Delta}{\sqrt{3}} \qquad (1.2\text{-}5)$$

严格来讲,从 Δ 求 $u_B(X)$ 的变换系数与实际分布有关,如果不是均匀分布,则变换系数将和 $\sqrt{3}$ 不同。某些常用仪器的最大允差见表 1.2-1。

表 1.2-1　某些常用仪器的最大允差

仪器名称	量程	最小分度值	最大允差
钢板尺	150 mm 500 mm 1 000 mm	1 mm 1 mm 1 mm	0.10 mm 0.15 mm 0.20 mm
钢卷尺	1 m 2 m	1 mm 1 mm	0.8 mm 1.2 mm
游标卡尺	125 mm	0.02 mm 0.05 mm	0.02 mm 0.05 mm
螺旋测微器 （千分尺）	0~25 mm	0.01 mm	0.004 mm
七级天平 （物理天平）	500 g	0.05 g	0.08 g(接近满量程) 0.06 g(1/2 量程附近) 0.04 g(1/3 量程附近)
三级天平 （分析天平）	200 g	0.1 mg	1.3 mg(接近满量程) 1.0 mg(1/2 量程附近) 0.7 mg(1/3 量程附近)
普通温度计(水银或有机溶剂) 精密温度计(水银)	0~100 ℃ 0~100 ℃	1 ℃ 0.1 ℃	1 ℃ 0.2 ℃
电表(0.5 级) 电表（0.1 级）			0.5%×量程 0.1%×量程

（4）合成不确定度。合成不确定度 u 由 A 类不确定度 u_A 和 B 类不确定度 u_B 采用"方和根"的方式得到,即

$$u = \sqrt{u_A^2 + u_B^2} \tag{1.2-6}$$

若 A 类不确定度有 m 个分量,B 类不确定度有 n 个分量,那么合成不确定度 u 为

$$u = \sqrt{\sum_{i=1}^{m} u_{Ai}^2 + \sum_{j=1}^{n} u_{Bj}^2} \tag{1.2-7}$$

3. 用不确定度表示测量结果

测量结果的最终表达式为

$$X = [X_测 \pm u(X)]（单位） \tag{1.2-8}$$

测得值 $X_测$(一般为多次测量的算术平均值)、合成不确定度 $u(X)$ 和单位称为测量结果的三要素,给出测量结果的时候缺一不可。

测得值保留几位由不确定度来决定。测得值保留的最后一位数字应与不确定度的末位对齐,后面的数字则采用"四舍六入五凑偶"的取舍规则,即小于 5 的舍掉,大于 5 的

进位,等于 5 的将保留的数字凑成偶数。例如:用惠斯通电桥测量电阻的实验,测量不确定度为 $u(R)=2.6\ \Omega$,则:① 若 $R_{测}=\bar{R}=1\ 002.467\ \Omega$,则保留为 $R_{测}=1\ 002.5\ \Omega$,测量结果记为 $R=(1\ 002.5\pm2.6)\ \Omega$;② 若 $R_{测}=1\ 002.437\ \Omega$,则保留为 $R_{测}=1\ 002.4\ \Omega$,测量结果记为 $R=(1\ 002.4\pm2.6)\ \Omega$;③ 若 $R_{测}=1\ 002.457\ \Omega$,则保留为 $R_{测}=1\ 002.4\ \Omega$,若 $R_{测}=1\ 002.357\ \Omega$,则也保留为 $R_{测}=1\ 002.4\ \Omega$,测量结果均记为 $R=(1\ 002.4\pm2.6)\ \Omega$。

（1）直接测量结果的表示。

① 单次直接测量结果的表示。由于是单次测量,计算不确定度只需考虑仪器本身带来的误差,即 B 类不确定度 u_B,故其测量结果的表达式可写为

$$X=X_{测}\pm u_B=\left(X_{测}\pm\frac{\Delta}{\sqrt{3}}\right)\text{（单位）} \tag{1.2-9}$$

② 多次直接测量结果的表示。多次直接测量,既要考虑系统误差（主要考虑仪器本身的误差）u_B,又要考虑随机误差（主要考虑算术平均值的标准偏差）u_A,故其测量结果的表达式为

$$X=\left[\bar{X}\pm u(X)\right]\text{（单位）} \tag{1.2-10}$$

其中,

$$u(X)=\sqrt{u_A^2(X)+u_B^2(X)}=\sqrt{\left[\sqrt{\frac{\sum_{i=1}^{n}(X_i-\bar{X})^2}{n(n-1)}}\right]^2+\left(\frac{\Delta}{\sqrt{3}}\right)^2}$$

例 1.2-1 在室温（23 ℃）下,用共振干涉法测量超声波在空气中传播时的波长 λ,数据见下表:

n	1	2	3	4	5	6
λ/cm	0.687 2	0.685 4	0.684 0	0.688 0	0.682 0	0.688 0

试用不确定度表示测量结果。

解:波长 λ 的平均值为

$$\bar{\lambda}=\frac{1}{6}\sum_{i=1}^{6}\lambda_i\approx0.685\ 767\ \text{cm}$$

波长平均值的标准偏差为

$$\sigma_{\bar{\lambda}}=\sqrt{\frac{\sum_{i=1}^{6}(\lambda_i-\bar{\lambda})^2}{6\times(6-1)}}\approx\sqrt{\frac{2\ 947\times10^{-8}}{30}}\ \text{cm}\approx0.000\ 99\ \text{cm}$$

则波长 λ 的 A 类不确定度为

$$u_A(\lambda)=\sigma_{\bar{\lambda}}=0.000\ 99\ \text{cm}$$

又已知实验装置的游标示值误差（即最大允差）为

$$\Delta=0.002\ \text{cm}$$

则波长 λ 的 B 类不确定度为

$$u_B(\lambda) = \frac{\Delta}{\sqrt{3}} = \frac{0.002 \text{ cm}}{\sqrt{3}} \approx 0.001\ 2 \text{ cm}$$

于是波长 λ 的合成不确定度为

$$u(\lambda) \approx 0.001\ 6 \text{ cm}$$

注意:根据前面提到的不确定度有效数字保留原则,上式中不确定度首位数字小于 3,所以保留 2 位有效数字。

因此,超声波在空气中传播时的波长 λ 的测量结果为

$$\lambda = (0.685\ 8 \pm 0.001\ 6) \text{ cm}$$

(2)间接测量结果的表示。对于间接测量,设被测量 Y 由 m 个直接被测量 x_1, x_2, x_3, …x_m 算出,它们的关系为 $Y = y(x_1, x_2, x_3, …x_m)$,$x_i$ 的不确定度记为 $u(x_i)$,则 Y 的合成不确定度 $u(Y)$ 为

$$u(Y) = \sqrt{\sum_{i=1}^{m} \left(\frac{\partial y}{\partial x_i}\right)^2 u^2(x_i)} \qquad (1.2-11)$$

偏导数 $\dfrac{\partial y}{\partial x_i}$ 的计算与导数 $\dfrac{\mathrm{d}y}{\mathrm{d}x_i}$ 的计算很相似,只是计算 $\dfrac{\partial y}{\partial x_i}$ 时要把 x_i 以外的变量作为常量处理。对于幂函数 $y = A x_1^a x_2^b \cdots x_m^k$,由于

$$\frac{\partial y}{\partial x_1} = y\frac{a}{x_1}, \quad \frac{\partial y}{\partial x_2} = y\frac{b}{x_2}, \quad \cdots, \quad \frac{\partial y}{\partial x_m} = y\frac{k}{x_m}$$

所以 Y 的合成不确定度 $u(Y)$ 可以写成如下形式:

$$u(Y) = Y\sqrt{\left[a\frac{u(x_1)}{x_1}\right]^2 + \left[b\frac{u(x_2)}{x_2}\right]^2 + \cdots + \left[k\frac{u(x_m)}{x_m}\right]^2} \qquad (1.2-12)$$

对于多次间接测量,式(1.2-12)中的根号前面的 Y 及根号里各项的分母 x_1, x_2, x_3, …x_m 均代入各自的平均值去计算。

测量结果记为

$$Y = [\bar{Y} \pm u(Y)] (\text{单位})$$

测量后一定要计算不确定度,如果实验时间较少,不便全面计算不确定度,那么对于以偶然误差为主的测量情况,可以只计算 A 类不确定度,略去 B 类不确定度;对于以系统误差为主的测量情况,可以只计算 B 类不确定度,略去 A 类不确定度。

例 1.2-2 用单摆测重力加速度 g。

设单摆摆长为 l,摆动 n 次的时间为 t,则重力加速度公式为

$$g = 4\pi^2 l / (t/n)^2$$

记录数据如下:

用钢卷尺测,摆长为 0.972 2 m(测一次)。

用游标卡尺测,摆球直径为 1.265 cm(测一次)。

摆动 50 次的时间 t 见下表,停表精度为 0.1 s,摆幅小于 3°。

测量次数	1	2	3	4
t/s	99.32	99.35	99.26	99.22

解：$l = 0.972\ 2\ \text{m} + \dfrac{1}{2} \times 0.012\ 65\ \text{m} \approx 0.978\ 53\ \text{m}$

摆动 50 次时间的平均值为

$$\bar{t} \approx 99.288\ \text{s}$$

平均值的标准偏差为

$$\sigma(\bar{t}) \approx 0.03\ \text{s}$$

所以重力加速度为

$$\bar{g} = 4\pi^2 \times 0.978\ 53 \bigg/ \left(\frac{99.288}{50}\right)^2 \text{m/s}^2 \approx 9.786\ 8\ \text{m/s}^2$$

不确定度计算如下：

（1）l 的合成不确定度 $u(l)$（单次测量，只有 B 类不确定度）。

B 类不确定度主要来源于钢卷尺的最大允差，有

$$\Delta = 0.5\ \text{mm}$$

所以

$$u_B(l) = 0.5\ \text{mm}/\sqrt{3} \approx 0.29\ \text{mm}$$

游标卡尺引入的不确定度较小，可以略去不计，则 l 的合成不确定度为

$$u(l) = u_B(l) = 0.29\ \text{mm}$$

（2）t 的合成不确定度 $u(t)$。

时间 t 的 A 类不确定度为

$$u_A(t) = \sigma(\bar{t}) = 0.03\ \text{s}$$

停表的 $\Delta = 0.3\ \text{s}$，所以

$$u_B(t) = 0.3\ \text{s}/\sqrt{3} \approx 0.18\ \text{s}$$

则 t 的合成不确定度为

$$u(t) = \sqrt{0.03^2 + 0.18^2}\ \text{s} \approx 0.19\ \text{s}$$

所以根据公式（1.2-12），重力加速度 g 的合成不确定度 $u(g)$ 为

$$u(g) = \bar{g}\sqrt{\left[\frac{u(l)}{l}\right]^2 + \left[-2\,\frac{u(t)}{\bar{t}}\right]^2}$$

$$= 9.786\ 8 \times \sqrt{\left(\frac{0.000\ 29}{0.978\ 53}\right)^2 + \left(-2 \times \frac{0.19}{99.288}\right)^2}\ \text{m/s}^2$$

$$\approx 0.04\ \text{m/s}^2$$

所以重力加速度的测量结果为

$$g = (9.79 \pm 0.04)\ \text{m/s}^2$$

第三节　有效数字及其运算规则

在实验中，我们总要记录很多数值并进行计算，记录时应取几位数字，运算后应留几位，是实验数据处理的重要问题，我们必须对此有一个明确的认识。

1. 有效数字的概念

为理解有效数字的概念,我们来看一个用米尺测量物体长度的例子。如图 1.3-1 所示,对于不同的测量者,可能读出的结果有 13.4 cm、13.5 cm、13.6 cm 等。可以看出,结果的前两位数字都相同,这是没有疑问的,称其为可靠数字或准确数字;最后一位由不同的人估计所得的结果略有不同,称其为可疑数字或欠准数字,它之后的数字没有保留的必要。测量结果的所有可靠数字加上一位可疑数字,称为测量结果的有效数字。有效数字的修约规则和不确定度一样,也遵守"四舍六入五凑偶"的原则。

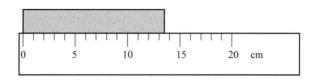

图 1.3-1　用米尺测量物体长度

欠准数字虽然不准,但它是有意义的,要特别指出的是,物理量的测量值和数学上的数字有着本质上的区别。例如,在数学上,12.5 和 12.50 没有区别;但从物理量测量的意义上看,12.5 cm 表示十分位上是欠准数字,而 12.50 cm 则表示百分位上是欠准数字。物理实验之所以特别强调有效数字,是因为有效数字能够粗略地反映测量结果的准确程度。

（1）测量仪器与有效数字。测量结果的有效数字,一方面反映了被测物理量的大小,另一方面也反映了测量仪器的测量精度。如用米尺测得的一物体的长度为 $L=(26.3\pm0.5)$ mm,则最后一位数字"3"是估读出来的,是可疑数字,测量值 L 包含 3 位有效数字。如果用游标卡尺测量此物体的长度,得 $L=(26.30\pm0.02)$ mm,那么有效数字有 4 位,测量精度要高些。

（2）测量方法与有效数字。测量结果的有效数字位数的多少,还与测量方法有关。例如用秒表测量单摆的周期,其精度一般为 0.1 s,如只测一个周期,得到 $T=1.9$ s;若连续测 100 个周期,其大小为 191.2 s,则周期的平均值 $\overline{T}=1.912$ s。可见,由于采用了不同的测量方法,结果的有效数字位数也随之变化了。

（3）"0"在有效数字中的作用。在有效数字中,"0"的位置不同,其性质也不同。数字前面用来表示小数点位置的"0"不是有效数字。例如,0.058 3 m 有 3 位有效数字。当"0"不用作表示小数点位置时,它与其他数字具有同等地位,都是有效数字。如,10.30 m 中的两个"0",虽然一个处在中间,一个处在末尾,但因它们都反映了被测量的大小,故都属于有效数字。

切记:有效数字的位数是从第一个不为零的数字算起的,末位的"0"和数字中间出现的"0"都属于有效数字。

（4）有效数字的科学计数法。有效数字的位数与小数点位置或单位的换算无关。例如,1.20 m 可以写成 120 cm,它仍然具有 3 位有效数字,但不能写成 1 200 mm,因为它的有效数字有 4 位,它们表示的测量精度并不相同。同样,1.20 m 可以写成 0.001 20 km,但不能写成 0.00 12 km。测量结果在作单位换算时,一般用科学计数法表示,即

$$1.20 \text{ m} = 1.20\times10^{3} \text{ mm} = 1.20\times10^{-3} \text{ km}$$

2. 直接测量结果有效数字的读取

一般而言,测量器具的分度值是按照仪器允许误差(简称允差)的要求来划分的。由于仪器多种多样,所以读数规则也各有区别。正确读取有效数字的方法大致可归纳如下:

(1)一般读数应读到最小分度位后再估读一位,但不一定估读到最小分度值的1/10,也可以根据情况(如分度的间距、刻线、指针的粗细及分度的数值等),估读到最小分度值的1/5,1/4或1/2,但无论怎样估读,一般来讲,最小分度位总是准确的,最小分度位的下一位是估读的可疑数字位。

(2)如果仪器的最小分度值为0.5,则0.1,0.2,0.3,0.4,0.6,0.7,0.8,0.9都是估计值;如果仪器的最小分度值是0.2,则0.1,0.3,0.5,0.7,0.9都是估计值,这类情况都不必再估读到下一位,可疑数字位与仪器的最大允差Δ所在那一位一致。

(3)游标类量具只读到游标分度值,一般不估读。在特殊情况下,可读到游标分度值的1/2。

(4)数字式仪表及步进读数器(如电阻箱)不需要进行估读,仪器所显示的末位就是可疑数字位。

(5)当仪器指针与仪器刻度盘某刻线对齐时,如测量值恰好为整数,要特别注意在数后补零,补零应补到可疑数字位。

3. 间接测量结果有效数字的运算规则

间接测量最后结果保留的有效数字位数应由测量不确定度所在的位数决定。在运算间接测量结果的过程中,参加运算的量可能很多,有效数字的位数也不一定相同,数字的位数要发生变化,如不遵守正确的规则,会使测量结果的准确性受到影响。一般可以按照下列规则确定运算结果的有效数字位数(以下举例时用下划线标记可疑数字位):

(1)加减运算,尾数取齐。几个数进行加减运算时,其结果的有效数字末位与参加运算的各个数字中末位数量级最大的那一位取齐。例如,$378.\underline{2}+11.41\underline{2}=389.\underline{6}$。

(2)乘除运算,位数取齐。几个数进行乘除运算时,其结果的有效数字位数与参加运算的各个数字中有效数字位数最少的那个相同。例如,$5.348×20.\underline{5}=11\underline{0}$。

(3)乘方开方,位数不变。一个数进行乘方或开方运算时,其结果的有效数字位数与这个数原来的有效数字位数相同。例如,$\sqrt{200}=14.\underline{1}$,$1.\underline{2}^2=1.\underline{4}$。

(4)函数运算,具体分析。一般来说,函数运算的有效数字位数应该按照间接测量误差传递公式进行计算后决定。但在大学物理实验中,函数运算常采用如下处理规则。

① 对数函数运算。对数函数运算分两种情况:对于常用对数,其运算结果由首数(整数)和尾数(小数)构成,规定其尾数的有效数字位数与对数真数的有效数字位数相同,例如,$\lg 56.7=1.754$,对数的真数56.7为3位有效数字,所以尾数部分保留3位有效数字;对于自然对数,其运算结果的有效数字位数与对数真数的有效数字位数相同,例如,$\ln 56.7=4.04$,真数为3位有效数字,所以结果保留3位有效数字。

② 指数函数运算。指数运算结果的有效数字位数与指数的小数点后面的位数相同

（包括小数点后面的零），例如，$10^{6.25} = 1.8 \times 10^6$，$e^{0.000\,092\,4} = 1.000\,092$，指数的小数点后分别有 2 位和 7 位，所以结果分别保留 2 位和 7 位有效数字。

③ 三角函数运算。三角函数运算结果中有效数字的取法，可采用试探法，即将自变量可疑数字位上下各波动一个单位，观察其结果在哪一位上波动，最后结果的可疑数字位就在该位上。

例如，要将 $\sin 59°56'$ 化成小数，因为

$$\sin 59°55' = 0.865\,297$$
$$\sin 59°56' = 0.865\,443$$
$$\sin 59°57' = 0.865\,588$$

上述三个结果中小数点后面的第四位不同，也就是说这一位是可疑数字位，所以最后结果写成

$$\sin 59°56' = 0.865\,4$$

特别注意：

（1）如果参与运算的整数（作为乘数或除数）是准确数字，则结果的有效数字位数与它们无关。

（2）无理数（π，e，$\sqrt{2}$）参与乘除运算时，它们的位数应比式中最少的位数多取 1~2 位，以保证结果的准确性。

例如，计算圆周长度 $L = 2\pi R$，若测得 $R = 6.043$ cm，则取 $\pi = 3.141\,6$，比 R 多取一位计算；而乘数 2 是准确数字，所以结果的有效数字位数与它无关。

第四节　实验数据处理的基本方法

数据处理是通过对数据的整理、分析和归纳计算而得到实验结果的过程。传统的数据处理方法有列表法、作图法、逐差法及最小二乘法等。随着计算机软件的开发和利用，越来越多的软件被应用到数据处理过程中，它们的优点很多，如计算方便、作图准确、操作简单、容易掌握等。掌握这些数据处理方法是进行科学实验及科学研究所需的基本技能。本节介绍几种基本的数据处理方法。

1. 列表法

列表法是利用表格记录原始数据以及中间计算过程的数据，以便于进行下一步数据处理的一种最基本的方法。其优点是简单清晰，在表格中可以简明扼要地表现出各个物理量之间的关系，也有助于人们发现实验中的问题。

采用列表法处理数据要注意以下几点。

（1）表格上方应写明表格名称，表格名称应简明扼要。

（2）应写清楚行和列中各物理量的符号和单位，如果有特殊符号，那么需要用文字进行说明。表格中的物理量要按照一定的顺序排列，让人一目了然。

（3）数据书写要规范，能正确反映出有效数字的位数。表格中的数据必须包括原始数据，也可以包括一些简单的中间计算过程的数据。

下面以用螺旋测微器测钢球直径为例来说明列表法，如表 1.4-1 所示。

表 1.4-1　用螺旋测微器测钢球直径

次数	初读数/mm	末读数/mm	直径 D/mm	平均值 $\bar{D}$/mm	$\sigma_{\bar{D}}$/mm
1	0.003	20.008	20.005		
2	0.002	20.007	20.005		
3	0.003	20.009	20.006	20.004 8	0.000 73
4	0.002	20.004	20.002		
5	0.002	20.008	20.006		

运算过程中的数据,如平均值 $\bar{D}$ 和平均值的标准偏差 $\sigma_{\bar{D}}$ 应多保留一位有效数字。

2. 作图法

作图法将一系列实验数据以及数据之间的关系通过图像直观地显示出来,它也是物理实验中常用的数据处理方法。依据图像可以研究物理量之间的变化关系,拟合图像对应的函数关系式,求出函数与物理方程对应关系中的物理量。作图法处理数据的优点是直观、简便,同时有利于消除实验的偶然误差。

(1)作图法的主要步骤和基本要求。

① 应根据数据处理的需求,选择坐标纸的种类和大小。

② 应选好横、纵坐标轴,并在坐标轴的末端标记好物理量的符号和单位。一般横坐标代表自变量,纵坐标代表因变量。有时为了获得一条直线,可将被测量作某种变换后的量作为变量,这样更有利于准确计算数据。

例如,在单摆测重力加速度实验中,根据单摆的周期公式 $T = 2\pi\sqrt{\dfrac{l}{g}}$,可将纵坐标轴设为 T^2,横坐标轴设为 l,这样作出的图像为一条直线,根据直线的斜率 $\dfrac{4\pi^2}{g}$ 可求出重力加速度 g,如图 1.4-1(b)所示。

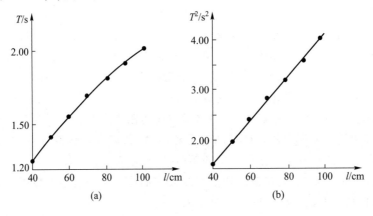

(a)　　　　　　(b)

图 1.4-1　单摆测重力加速度

③ 要根据测量数据选择单位长度,横、纵坐标轴的刻度要均分,两坐标轴的分度值可以不同。为了使数据点尽量占满整个坐标空间,必要时坐标轴的起点可以不从"0"点开始。对于较大或较小的数据,分度值应以 $\times 10^n$ 表示,并且标记在坐标单位的前面。

④ 描点。数据点可以用"·""+""×"等标记,并且使交叉点正好落在实验数据对应的坐标上。如果要在一张坐标纸上画多条曲线,那么每套数据可采用不同样式的标记。作图法需要 5 个以上的数据点。

⑤ 描绘图线。作图法得到的如果是直线,那么要求直线尽可能多地通过数据点。不在直线上的数据点应均匀分布在直线两侧。对于个别偏离直线太远的数据点,如果不是描点错误,那么说明该数据点误差较大,可以舍掉;作图法得到的如果是曲线,那么要求曲线平滑、连续,不能太粗。

（2）作图法求直线的斜率和截距。利用作图法处理数据的时候,如果得到的图像是一条直线,那么可以利用各个物理量之间的线性关系,通过求截距和斜率来计算待求物理量。具体做法是在直线上选择较远的两点（此两点通常不是数据点）,读出它们的坐标 (x_1, y_1) 和 (x_2, y_2),根据直线方程 $y = a + bx$,可得斜率为

$$b = \frac{y_2 - y_1}{x_2 - x_1} \tag{1.4-1}$$

在一般情况下,如果横坐标轴的原点为零,那么直线与纵坐标轴的交点的纵坐标即截距。

利用作图法,通过计算斜率和截距求物理量存在一定的误差,并且如果作出的是曲线,就不能很好地拟合数学公式。作图法对于数据的处理还是很粗略的。要获得更精确的结果,可采用比作图法更严谨的最小二乘法等,而对于曲线的作图,建议采用简单方便的计算机软件,这些将在后面予以介绍。

3. 逐差法

在实验中,根据实验原理,变量之间多数可以由函数表示,对于一次函数,在自变量均匀变化的情况下,可用逐差法处理数据,其优点是能充分利用测量数据求得所需要的物理量。

逐差法的具体做法是,将测量值分成前后两组,然后将对应项相减,再求平均值。显然逐差法需要偶数个数据,举例说明如下。

在利用胡克定律求弹簧的弹性系数实验中,已知弹簧的伸长量 Δx 与所加砝码质量 m 之间满足 $mg = k\Delta x$,其中 Δx 为弹簧的伸长量。将弹簧竖直悬挂在支架上,与弹簧平行放有刻度尺。记下弹簧静止时下端的刻度 x_0,然后依次在弹簧的下端加上质量分别为 m,$2m, 3m, \cdots, 7m$ 的砝码,并记录弹簧末端的位置分别为 $x_1, x_2, x_3, \cdots, x_7$。在计算时,为了充分利用数据,可将数据分成两组,即 (x_0, x_1, x_2, x_3) 和 (x_4, x_5, x_6, x_7),然后两组数据对应项相减,求出平均值:

$$\overline{\Delta x} = \frac{(x_4 - x_0) + (x_5 - x_1) + (x_6 - x_2) + (x_7 - x_3)}{4}$$

最后可求得弹性系数:

$$k = \frac{4mg}{\Delta x}$$

逐差法处理数据的条件是自变量必须等间距变化,处理数据的关键是将等间距的数据合理分组并进行对应项相减。显然逐差法是需要偶数个数据的,如果测量数据为奇数个,则需要舍掉第一个或最后一个数据。

4. 最小二乘法

最小二乘法(又称最小平方法)是一种数学优化算法,也是一种最常用、最准确的拟合直线(或曲线)的方法。简单地说,最小二乘法的思想就是若存在一条最佳拟合曲线,则各测量值和曲线上对应点值偏差的平方和达到最小。由此得到的变量之间的函数关系称为回归方程。如果回归方程是一元线性方程(实验数据拟合成直线),这就是一元线性回归拟合。下面我们主要介绍一元线性回归拟合的基本处理方法。

设函数方程为

$$y = a + bx \tag{1.4-2}$$

根据实验测量,可得到一组数据$(x_1, y_1), (x_2, y_2), (x_3, y_3), \cdots$。如果没有实验误差,那么以上各组数据均严格符合函数方程。但是测量数据总是存在误差的,为了简单起见,我们考虑在测量中,只有y存在明显的随机误差(x的误差小到可以忽略),设实验值y_i与函数方程中的值相差$\varepsilon_i (i = 1, 2, 3, \cdots, n)$,即

$$\left.\begin{array}{l} \varepsilon_1 = y_1 - (a + bx_1) \\ \varepsilon_2 = y_2 - (a + bx_2) \\ \cdots\cdots\cdots \\ \varepsilon_n = y_n - (a + bx_n) \end{array}\right\} \tag{1.4-3}$$

我们可利用方程组(1.4-3)来确定参数a和b,同时按照最小二乘法原理,希望各项偏差的平方和最小,即$\sum \varepsilon_i^2$取最小值。将上式两侧平方后求和,得

$$\sum \varepsilon_i^2 = \sum \left[y_i - (a + bx_i) \right]^2 \tag{1.4-4}$$

为求$\sum \varepsilon_i^2$的最小值,需要对(1.4-4)式中的a和b分别求微分,即

$$\frac{\partial \sum \varepsilon_i^2}{\partial a} = 0, \quad \frac{\partial \sum \varepsilon_i^2}{\partial b} = 0 \tag{1.4-5}$$

根据上式可求出参数a和b的值分别为

$$\left.\begin{array}{l} a = \sum y_i / n - b \sum x_i / n = \bar{y} - b\bar{x} \\ b = \dfrac{n \sum x_i y_i - \sum x_i \sum y_i}{n \sum x_i^2 - (\sum x_i)^2} = \dfrac{\overline{xy} - \bar{x}\,\bar{y}}{\overline{x^2} - \bar{x}^2} \end{array}\right\} \tag{1.4-6}$$

但是,对于任何一组测量值(x_i, y_i),代入上式都可以得出参数a、b,即便x和y不存在线性关系,显然这对于线性回归方程是无任何意义的。因此,我们必须对这种线性回归拟合的相关性作出评价。可引入相关系数r来评价一元线性回归拟合所找出的方程的相关程度,相关系数r定义为

$$r = \frac{\sum (x_i - \bar{x})(y_i - \bar{y})}{\sqrt{\sum (x_i - \bar{x})^2 \sum (y_i - \bar{y})^2}} = \frac{\overline{xy} - \bar{x}\,\bar{y}}{\sqrt{(\overline{x^2} - \bar{x}^2)(\overline{y^2} - \bar{y}^2)}} \qquad (1.4\text{-}7)$$

相关系数 r 表示各数据点靠近拟合直线的程度。r 的值在 -1 到 $+1$ 之间，$|r|$ 越接近 1，说明实验数据分布得越密集，各数据点就越接近拟合直线。由于最小二乘法的计算比较繁琐，我们可以用科学计算器或计算机进行计算。

例如，根据下表中的数据，可推测 y 与 x 存在线性关系，试利用最小二乘法，求出 a、b，并拟合出线性回归方程。

数据	次数							
	1	2	3	4	5	6	7	8
x	5.65	6.08	6.40	6.75	7.12	7.48	7.83	8.18
y	16.9	18.2	20.1	21.0	22.3	24.1	25.3	27.0

数据处理如下表。

$\sum x_i$	$\sum x_i^2$	$\sum y_i$	$\sum y_i^2$	$\sum x_i y_i$
55.49	390.277 5	174.9	3 909.05	1 234.534

$$a = \sum y_i / n - b \sum x_i / n \approx -5.7$$

$$b = \frac{n \sum x_i y_i - \sum x_i \sum y_i}{n \sum x_i^2 - (\sum x_i)^2} \approx 3.97$$

$$r = \frac{\sum (x_i - \bar{x})(y_i - \bar{y})}{\sqrt{\sum (x_i - \bar{x})^2 \sum (y_i - \bar{y})^2}} \approx 0.997\ 7$$

以上结果表明，y 与 x 确实存在线性关系，其线性回归方程为

$$y = 3.97x - 5.7$$

5. 利用 Excel 软件处理实验数据的基本方法

Excel 是一款电子表格软件。Excel 具有强大的功能：利用工作表可以整理实验数据；引入公式和函数计算功能，可以批量计算；利用自动绘制图表、处理和分析数据的功能，可以处理实验数据。Excel 操作简单，容易掌握。下面简单介绍 Excel 软件。

（1）Excel 工作界面简介。启动 Excel 后，计算机屏幕上出现的是一个空的工作表，如图 1.4-2 所示，工作表中的行和列分别用数字 1,2,3,4,5,… 和字母 A,B,C,D,E,… 来表示，单击这些字母或数字可激活对应的行或列。

一个 Excel 文件称为一个工作簿，一个新的工作簿可以添加若干个工作表，即左下角的 Sheet1、Sheet2 等。工作表中行与列交叉的格称为单元格，单元格用行和列的地址共同

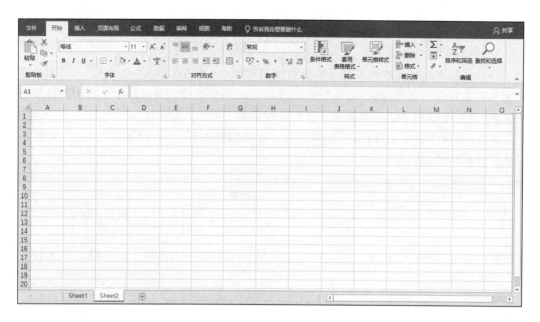

图 1.4-2　Excel 工作界面

表示,如"B5"表示第 5 行 B 列,B5 为这一单元格的地址名称,在编辑公式和数据运算中可以引用。

在实验数据的处理过程中,按下鼠标左键并拉动鼠标可覆盖所选定的区域并进行操作。在操作过程中,根据计算需要,可以单击右键,选择"设置单元格格式",对表格区域进行个性化编辑和设置。

(2)数据输入及计算功能。在工作表中用鼠标单击单元格,使其处于活动状态,此时可以输入实验数据。根据计算需要,可以在单元格格式中选择"常规""文本"或"数值"等,在"数值"格式下还可以选择保留的小数位数。设置好单元格格式后,就可以对数据进行初步的函数计算。Excel 中包含了 200 多个内置的函数,如 SUM(求和)、AVER-AGE(求算术平均值)、SQRT(求平方根)、MIN(求最小值)、STDEVP(求标准偏差)等。使用函数时,在工具栏中选择"插入函数"选项,选择需要的函数,按"确定"后弹出"函数参数"对话框,在 number1 和 number2 中输入函数的参数或返回工作表中用鼠标选择单元格、表格区域等,然后单击"确定"即可,如图 1.4-3 所示。

在处理实验数据时,有关间接测量结果的计算和各测量结果的平均值、标准偏差、不确定度等的计算都是繁琐的,用计算器和笔算经常产生误差,如果用 Excel 中的函数进行计算,不仅操作简单,而且数据准确。

对于其他比较复杂的函数计算,可以在单元格上方的编辑栏中输入计算公式。具体做法是,单击要产生结果的单元格,在编辑栏中先输入"=",然后输入阿拉伯数字和引用其他单元格的地址及运算符号,也可以插入函数,最后按"Enter"键生成计算结果。单元格地址可以直接输入,也可以用鼠标单击。例如输入"=(5 * H9-4)/30",表示 H9 单元格中的数值与 5 的乘积减去 4 所得的差再除以 30。另外,对于多组实验数据,如果采用相同的计算方法,那么可以单击第一组计算结果,并将鼠标移动到右下方产生"+"字光

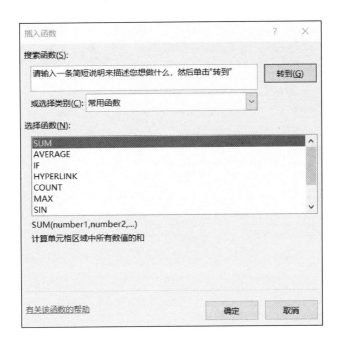

图 1.4-3 "插入函数"对话框

标,然后沿竖直方向或水平方向拉动鼠标,即可算出相应的计算结果,如图 1.4-4 所示。

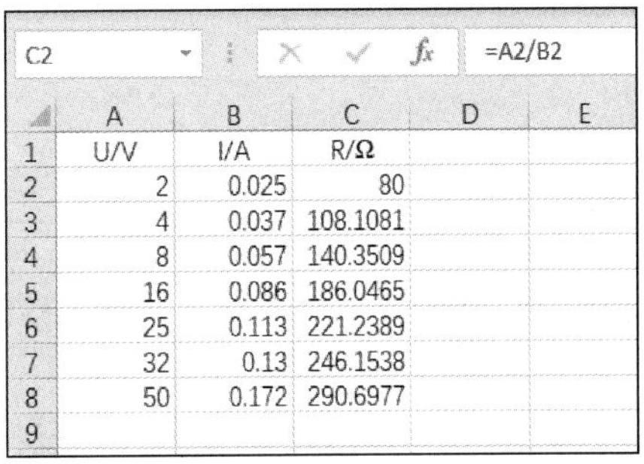

	A	B	C	D	E
1	U/V	I/A	R/Ω		
2	2	0.025	80		
3	4	0.037	108.1081		
4	8	0.057	140.3509		
5	16	0.086	186.0465		
6	25	0.113	221.2389		
7	32	0.13	246.1538		
8	50	0.172	290.6977		
9					

图 1.4-4 伏安法测白炽灯电阻

(3) 绘制图像及拟合函数。Excel 软件还具有绘制图像及拟合函数的功能,为实验数据的处理带来极大的便利。下面简单介绍操作步骤。

① 将实验数据填入 Excel 工作表,形成数据表。

② 用鼠标选择全部要使用的数据单元格,在工具栏中的"插入"找到"图表"选项,可直接在"常用图表"或"所有图表"中选取作图方式,例如"散点图"或"折线图"等,单击"确定",即可得到图像,如图 1.4-5 所示。

③ 直接生成的图像并不完善,可以进行修饰,比如可以修改"图表标题",添加"坐标轴标题"。另外,双击图像,还可以在右侧产生"设置趋势线格式",其中功能很多,比如单击坐标即可修改横、纵坐标起点,还可以变换颜色、美化图像等。

④ 用 Excel 中的数据分析拟合函数图像。单击图像中的任意坐标点,单击右键,选择"添加趋势线",在右侧"设置趋势线格式"中选择合适的趋势线,如"线性""指数""对数"等,勾选"显示公式"和"显示 R 的平方值",即可在图片上方出现拟合公式。

例如,表 1.4-2 中给出一组铜电阻在不同温度下的值,借助 Excel 的数据处理和直线拟合功能,可求铜电阻的温度系数以及 0 ℃的电阻值。

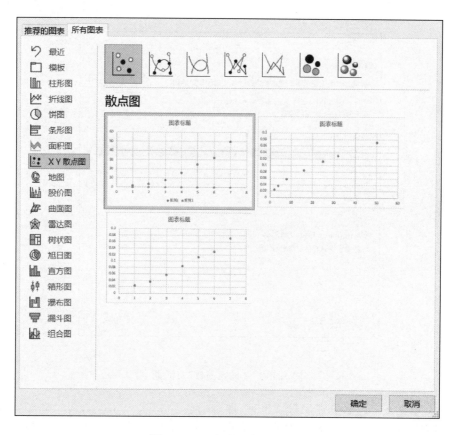

图 1.4-5 "所有图表"对话框

表 1.4-2 铜电阻在不同温度下的值

温度/℃	45	50	55	60	65	70	75	80	85	90	95
铜电阻 R_x/Ω	1.214	1.240	1.261	1.284	1.304	1.325	1.347	1.368	1.387	1.409	1.432

　　根据表 1.4-2 的测量数据,以温度值为 x 轴数据,电阻值为 y 轴数据,用 Excel 进行直线拟合,得到图 1.4-6 的直线和方程。将此公式与公式 $R_x = R_{x0}(1+\alpha t) = R_{x0} + \alpha t R_{x0}$ 相比较,即可求出

$$R_{x0} = 1.027\ 3\ \Omega, \quad \alpha R_{x0} = 0.004\ 2\ \Omega \cdot ℃^{-1}, \quad R^2 = 0.997\ 7$$

从而可求出

$$R_{x0} = 1.027\ 3\ \Omega, \quad \alpha = (0.004\ 2/1.027\ 3)\ ℃^{-1} \approx 0.004\ 088\ ℃^{-1}$$

相关系数为

$$r = \sqrt{R^2} \approx 0.998\ 8$$

R_{x0} 为 0 ℃时的电阻值,α 为铜电阻的温度系数。

6. 利用 Origin 软件处理实验数据的基本方法

　　Origin 是一款科学绘图、数据分析软件,支持在 Microsoft Windows 下运行。Origin 是一款简单易学、功能强大的软件,支持各种各样的 2D/3D 图形。Origin 中的数据分析功能包括统计、信号处理、曲线拟合以及峰值分析。Origin 中的曲线拟合是采用基于 LMA 算

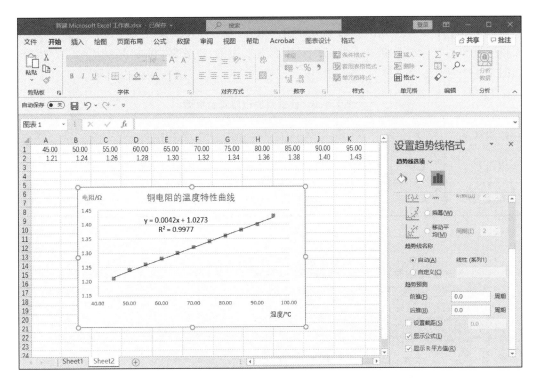

图 1.4-6　用 Excel 描绘铜电阻的温度特性曲线

法(最小均方算法)的非线性最小二乘法拟合。图形输出格式多样,例如 JPEG,GIF,
EPS,TIFF 等。本章结合大学物理实验,介绍常见的 2D 图形绘制及拟合分析方法。

（1）Origin 工作界面简介。启动 Origin 后,计算机屏幕上呈现如图 1.4-7 所示的界面。

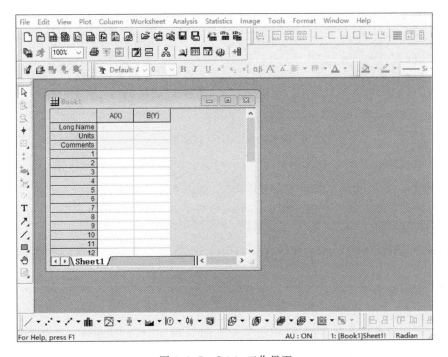

图 1.4-7　Origin 工作界面

（2）数据录入。在工作表的子窗口输入数据,在"A（X）"和"B（Y）"对应列中直接输入自变量和因变量的数据。下面以伏安法测电阻为例,将数据（见表1.4-3）录入Origin,如图1.4-8所示。

表 1.4-3　伏安法测电阻实验数据

次数	1	2	3	4	5	6	7	8
电压 U/V	1.0	2.0	3.0	4.0	5.0	6.0	7.0	8.0
电流 I/A	0.10	0.21	0.29	0.38	0.50	0.61	0.69	0.79

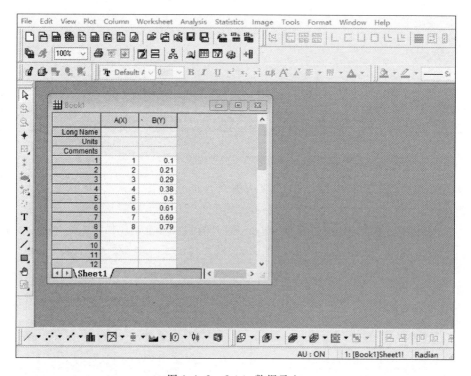

图 1.4-8　Origin 数据录入

（3）图形绘制。完成数据录入后,选中需要画图的数据,直接单击下方工具条中相应的绘图按钮,即可完成不同形式图形的绘制,如图1.4-9所示。

（4）函数拟合。伏安法测电阻的数据为线性数据,选中所有的数据,然后单击菜单栏的"Analysis-Fitting-Linear",在出现的对话框的下面单击"OK",即可得到拟合参量及拟合直线,如图1.4-10所示。在拟合好的图像中,可以得出拟合直线的斜率、截距以及 R 平方因子。

（5）图像输出。拟合图像之后,还需要对图像进行标注并添加必要的说明,比如:图像名称、物理量及其符号和单位、坐标的分度值、合理的数据点标识等,双击相应的位置即可对这些内容进行修改。最后,单击菜单栏的"File-Export Graphs",在对话框中设置输出位置及图像格式即可输出图像,如图1.4-11所示。

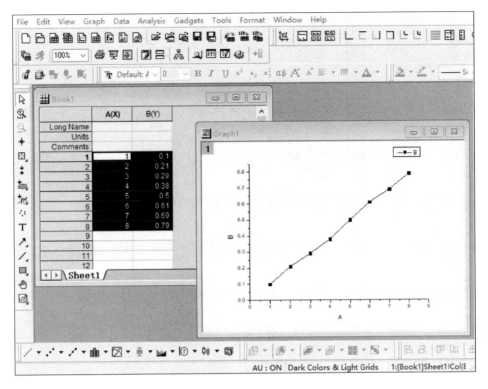

图 1.4-9　Origin 图形绘制

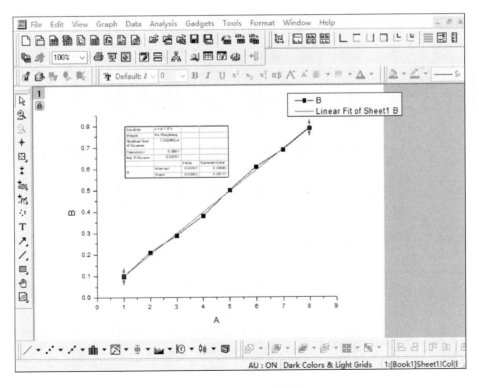

图 1.4-10　Origin 函数拟合

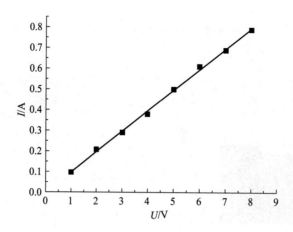

图 1.4-11　Origin 输出图像

第二章　基础性实验

实验一　长度测量

长度是一个基本物理量,对许多其他物理量的测量通常可以转化为对长度的测量。因此,长度测量是一种基础性的测量。

【课前预习】

（1）游标卡尺的使用方法及读数规则。

（2）螺旋测微器的使用方法及读数规则。

（3）读数显微镜的使用方法及读数规则。

（4）标准不确定度的计算公式。

（5）表述测量结果的三要素。

【实验目的】

（1）学会使用测量长度的几种常用仪器。

（2）学会记录数据并计算标准不确定度。

（3）学会正确表述测量结果。

【实验仪器】

米尺、游标卡尺、螺旋测微器、读数显微镜、被测物(圆柱体、圆管、金属球等)。

【实验原理】

1. 米尺

实验室常用的米尺有 30 cm,50 cm,100 cm 等不同的规格。米尺的分度值为 1 mm,用米尺测量长度时,可以读准到毫米这一位,毫米以下的一位要进行估读,得到的数字为可疑数字。

使用米尺测量时,必须使待测物体与米尺刻度面紧贴,并使待测物体的一端对准米尺上选作起点的某一刻度线(一般不选"0"刻度线)。根据待测物体另一端在米尺刻度上的位置,视线与尺面垂直读出数值,物体两端读数之差即待测物体的长度。采用上述测量方法可以避免由于米尺端边磨损而引入的误差,亦可避免由于米尺具有一定厚度,观测者视线方向不同而引入的视差。

2. 游标卡尺

（1）原理。游标卡尺如图 2.1-1 所示。游标刻度尺上一共有 m 个分格,而 m 个分格的总长度和主刻度尺上的$(m-1)$个分格的总长度相等。设主刻度尺上每个分格的长度为 y,游标刻度尺上每个分格的长度为 x,则有

27

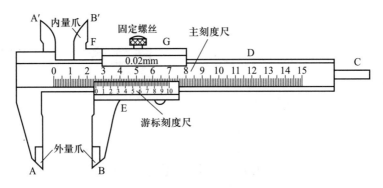

图 2.1-1 游标卡尺

$$mx = (m-1)y \qquad (2.1-1)$$

主刻度尺与游标刻度尺每个分格的长度之差为

$$y-x = y/m$$

此即游标卡尺的最小读数值,即游标刻度尺上最小刻度的分度值。主刻度尺的最小分度值是 1 mm,若 $m=10$,则游标刻度尺上 10 个分格的总长度和主刻度尺上的 9 mm 相等,每个分格的长度为 0.9 mm,主刻度尺与游标刻度尺每个分格的长度之差为

$$\Delta x = 1 \text{ mm} - 0.9 \text{ mm} = 0.1 \text{ mm}$$

即此种类型的游标卡尺的最小分度值为(1/10) mm = 0.1 mm,称之为 10 分度游标卡尺。如 $m=20$,则游标卡尺的最小分度值为(1/20) mm = 0.05 mm,称之为 20 分度游标卡尺。常用的还有 50 分度游标卡尺,其分度值为(1/50) mm = 0.02 mm。

(2)读数。游标卡尺的读数表示的是主刻度尺的"0"刻度线与游标刻度尺的"0"刻度线之间的距离。读数可分为两步:首先,从游标刻度尺上"0"刻度线的位置读出整数部分(毫米位);然后,根据游标刻度尺上与主刻度尺对齐的刻度线读出毫米以下的小数部分。二者相加就是读数。以 10 分度游标卡尺为例,看一下图 2.1-2。毫米以上的整数部分直接从主刻度尺上读出,为 21 mm。读毫米以下的小数部分时应细心寻找游标刻度尺上哪一根刻度线与主刻度尺上的刻度线对得最整齐,对得最整齐的那根刻度线的序数乘以游标卡尺的最小分度值所得到的数值就是我们要找的小数部分。若第 6 根刻度线和主刻度尺上的刻度线对得最整齐,则读数应该是 6×0.1 mm = 0.6 mm,所测长度的读数为 21 mm+0.6 mm = 21.6 mm。如果第 4 根刻度线和主刻度尺上的刻度线对得最整齐,那么读数就是 21.4 mm。20 分度游标卡尺和 50 分度游标卡尺的读数方法与 10 分度游标卡尺相同,读数也是由两部分组成的。

(3)注意事项。

① 使用游标卡尺前,应该先将游标卡尺的卡口合拢,检查游标刻度尺的"0"刻度线和主刻度尺的"0"刻度线是否对齐。若对不齐,则说明卡口有零点误差,应记下零点读数,用以修正测量值。

② 推动游标刻度尺时,不要用力过猛,卡住被测物体时应松紧适当,不能卡住物体后再移动物体,以防卡口受损。

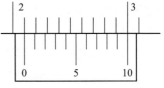

图 2.1-2 游标卡尺读数

③ 用完游标卡尺后,两卡口要留有间隙,然后将

游标卡尺放入包装盒内,不能将其随便放在桌上,更不能将其放在潮湿的地方。

④ 游标卡尺不要估读,如游标刻度尺上没有哪根刻度线与主刻度尺的刻度线对齐,则可选择最靠近的一根刻度线进行读数,有效数字要与精度对齐。

3. 螺旋测微器

（1）原理。螺旋测微器如图 2.1-3 所示。螺旋测微器内部螺旋的螺距为 0.5 mm,因此副刻度尺（微分筒）每旋转一周,螺旋测微器内部的测微螺杆和副刻度尺同时前进或后退 0.5 mm,而螺旋测微器内部的测微螺杆套筒每旋转一格,测微螺杆沿着轴线方向前进 0.01 mm,0.01 mm 即螺旋测微器的最小分度值。在读数时可估读到最小分度值的 1/10,即 0.001 mm,故螺旋测微器又称为千分尺。

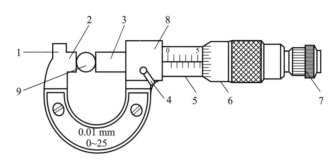

1—尺架;2—测砧;3—测微螺杆;4—锁紧装置;5—固定套筒;6—微分筒;7—棘轮;8—螺母套管;9—被测物

图 2.1-3　螺旋测微器

（2）读数。读数可分两步:首先,观察固定标尺读数准线（即微分筒前沿）所在的位置,可以从固定标尺上读出整数部分,每格的长度为 0.5 mm,即可读到半毫米;然后,以固定标尺的刻度线为读数准线,读出 0.5 mm 以下的数值,估读到最小分度值的 1/10。二者相加就是读数。

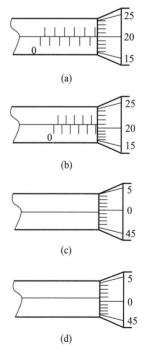

如图 2.1-4（a）所示,整数部分是 5.5 mm（因为固定标尺的读数准线已超过了 1/2 刻度线,所以是 5.5 mm）。副刻度尺上的圆周刻度是 20 的刻度线正好与读数准线对齐,即 0.200 mm。因此,读数为 5.5 mm+0.200 mm = 5.700 mm。如图 2.1-4（b）所示,整数部分是 5 mm,而圆周刻度是 20.9,即 0.209 mm,则读数为 5 mm+0.209 mm = 5.209 mm。使用螺旋测微器时要注意零点误差,即当两个测量界面密合时,看一下副刻度尺的"0"刻度线和主刻度尺的"0"刻度线所对应的位置。使用过的螺旋测微器的零点一般对不齐,而是显示某一读数,使用时要分清是正误差还是负误差。如图 2.1-4（c）和图 2.1-4（d）所示,如果零点误差用 δ_0 表示,被测物的长度的读数是 d_0,那么此时被测物的实际长度为 $d' = d_0 - \delta_0$,δ_0 可正可负。

在图 2.1-4（c）中,若 $\delta_0 = -0.006$ mm,则

$$d' = d_0 - (-0.006 \text{ mm}) = d_0 + 0.006 \text{ mm}$$

在图 2.1-4（d）中,若 $\delta_0 = 0.008$ mm,则

图 2.1-4　螺旋测微器读数

$$d' = d_0 - 0.008 \text{ mm}$$

4．读数显微镜

（1）原理。读数显微镜如图 2.1-5 所示。测微螺旋的螺距为 1 mm（即标尺分度值），在读数显微镜的旋转轮上刻有 100 个等分格，每格为 0.01 mm，当旋转轮转动一周时，读数显微镜沿标尺移动 1 mm，旋转轮每转过 1 个等分格，读数显微镜就沿标尺移动 0.01 mm。0.01 mm 即读数显微镜的最小分度值。

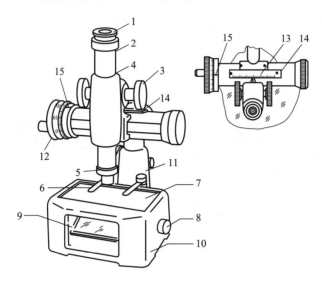

1—目镜；2—锁紧圈；3—调焦手轮；4—镜筒支架；5—物镜；6—压紧片；7—台面玻璃；8—手轮；9—平面镜；
10—底座；11—支架；12—测微手轮；13—标尺指示；14—标尺；15—测微指示

图 2.1-5　读数显微镜

（2）读数。

① 调节目镜进行视场调整，使十字竖线最清晰即可；转动调焦手轮，从目镜中观测，使被测物成像清晰；可调整被测物，使其一个横截面和显微镜移动方向平行。

② 转动测微手轮可以调节十字竖线，使其对准被测物的起点，在标尺上读取毫米的整数部分，在测微手轮上读取毫米以下的小数部分。两次读数之和是此点的读数 A。

③ 沿着同方向转动测微手轮，使十字竖线恰好停止于被测物的终点，记下终点读数 A'，则被测物的长度即 $L = |A' - A|$。

（3）注意事项。

① 在松开每个锁紧螺丝时，必须用手托住相应部分，以免其坠落和受冲击。

② 注意防止回程误差，由于螺丝和螺母不可能完全密合，所以螺旋转动方向改变时它们的接触状态也将改变，两次读数将不同，由此产生的误差叫回程误差。为防止产生此误差，测量时应向同一方向转动测微手轮，使十字竖线和目标对准，若移动十字竖线时超过了目标，测微手轮就要多退回一些，然后再重新向同一方向转动。

【实验内容】

选用适当的仪器进行以下测量（记录与计算参照后面的测量举例）。

（1）A4 纸的长和宽。

（2）圆管的体积。

（3）圆柱体的直径和高。

（4）金属球的直径。

提示：

（1）测直径时应作交叉测量，即在同一截面上，在相互垂直的方向各测一次。

（2）为了防止读错数，在用螺旋测微器测量之前，应先用游标卡尺测一下；用读数显微镜测量之前，也应先设法粗测一下。先粗测后精测对各种测量均有益处。

【数据处理】

（1）自拟表格记录 A4 纸的长和宽，计算不确定度，并将测量结果用标准式表示出来。

（2）自拟表格记录圆管的外径 d_1、内径 d_2、长度 l，并计算圆管体积 V。利用直接和间接测量的不确定度公式计算不确定度，并将直径、长度和体积的测量结果用标准式表示出来。

（3）自拟表格记录圆柱体的直径和高，计算不确定度，并将测量结果用标准式表示出来。

（4）自拟表格记录金属球的直径，计算不确定度，并将测量结果用标准式表示出来。

【思考题】

（1）在一钢直尺旁附上一特制的游标，它可以成为一游标尺吗？

（2）一钢丝的直径约为 0.05 mm，用什么仪器以及如何测量，才能让测量不确定度不大于 0.001 mm？

（3）使用螺旋测微器时应注意些什么？

（4）有一角游标，主尺 29 个分格对应于游标尺 30 个分格，问这个角游标的分度值是多少？有效数字应读到哪一位？

【测量举例】（记录与计算）

测量圆管体积 V。

测量圆管的长度 l、外径 d_1 和内径 d_2。

游标卡尺的零点读数为-0.005 cm。

l/cm	10.042	10.022	10.072	10.038	10.044
d_1/cm	3.255	3.250	3.260	3.255	3.251
d_2/cm	2.815	2.825	2.820	2.820	2.825

使用计算器，可得

$$\bar{l} = 10.044 \text{ cm}, \quad \sigma(\bar{l}) = 0.008 \text{ cm}$$

$$\bar{d_1} = 3.254 \text{ cm}, \quad \sigma(\bar{d_1}) = 0.002 \text{ cm}$$

$$\bar{d_2} = 2.821 \text{ cm}, \quad \sigma(\bar{d_2}) = 0.002 \text{ cm}$$

圆管体积公式为

$$V = \frac{1}{4}\pi(d_1^2 - d_2^2)l$$

将外径 $\bar{d}_1$、内径 $\bar{d}_2$ 和长度 $\bar{l}$ 代入上式,可得体积 V:

$$V = \frac{1}{4}\pi \times (3.254^2 - 2.821^2) \times 10.044 \text{ cm}^3 \approx 20.740\ 1 \text{ cm}^3$$

不确定度的计算如下。

(1) 求 l 的 $u(l)$。

对多次测量,有

$$u_A(l) = \sigma(\bar{l}) = 0.008 \text{ cm}$$

对游标卡尺,有 $\Delta = 0.05$ mm,故

$$u_B(l) = 0.05 \text{ mm}/\sqrt{3} \approx 0.03 \text{ mm}$$

故可得

$$u(l) = \sqrt{0.008^2 + 0.003^2} \text{ cm} \approx 0.009 \text{ cm}$$

(2) 求 d_1 的 $u(d_1)$。

对多次测量,有

$$u_A(d_1) = 0.002 \text{ cm}$$

对游标卡尺,有 $\Delta = 0.05$ mm,故

$$u_B(d_1) = 0.05 \text{ mm}/\sqrt{3} \approx 0.03 \text{ mm}$$

故可得

$$u(d_1) = \sqrt{0.002^2 + 0.003^2} \text{ cm} \approx 0.004 \text{ cm}$$

(3) 求 d_2 的 $u(d_2)$。

对多次测量,有

$$u_A(d_2) = 0.002 \text{ cm}$$

对游标卡尺,有 $\Delta = 0.05$ mm,故

$$u_B(d_2) = 0.05 \text{ mm}/\sqrt{3} \approx 0.03 \text{ mm}$$

故可得

$$u(d_2) = \sqrt{0.002^2 + 0.003^2} \text{ cm} \approx 0.004 \text{ cm}$$

(4) 求 V 的 $u(V)$。

$$u(V) = \sqrt{\left(\frac{\partial V}{\partial l}\right)^2 u^2(l) + \left(\frac{\partial V}{\partial d_1}\right)^2 u^2(d_1) + \left(\frac{\partial V}{\partial d_2}\right)^2 u^2(d_2)}$$

$$= \sqrt{\left[\frac{1}{4}\pi(d_1^2 - d_2^2)\right]^2 u^2(l) + \left(\frac{1}{2}\pi d_1 l\right)^2 u^2(d_1) + \left(\frac{1}{2}\pi d_2 l\right)^2 u^2(d_2)}$$

$$\approx 0.28 \text{ cm}^3$$

测量结果为

$$V = 20.740\ 1 \text{ cm}^3 \pm 0.28 \text{ cm}^3 = (20.74 \pm 0.28) \text{ cm}^3$$

实验二　用天平测密度

密度是物质的一种基本属性,在一定的温度和压力下,各种物质具有确定的密度。对物体的密度进行测量有助于人们确定物体的成分。

【课前预习】

(1)密度的测量方法和测量仪器有哪些?

(2)在什么情况下支起天平梁?在什么情况下落下天平梁?

【实验目的】

熟悉密度的测量方法。

【实验仪器】

分析天平(或物理天平、电子天平等)、烧杯、比重瓶、定容瓶、温度计、被测固体(玻璃块、金属块等)、被测液体(酒精、盐水等)。

天平是实验室中称衡物体质量的仪器。多数天平是一种等臂杠杆,在天平梁的同一平面上对称地排列有三个刀口 B_1、B_0、B_2,梁(包括指针)的质心 C 在中央刀口的稍下方。当天平偏向某一方时,作用在梁的质心处的重力 $m_0\boldsymbol{g}$,将产生方向相反的恢复力矩,使天平出现左右摆动(图 2.2-1)。

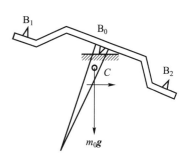

图 2.2-1　天平示意图

在表示天平性能的指标中,最大载量和灵敏度是主要的。最大载量由梁的结构和材料决定,灵敏度则由臂长、指针长度、梁的质量和质心到中央刀口(B_0)的距离决定。计量仪器的灵敏度是该仪器对被测物理量的反应能力。灵敏度 S 用被观测变量的增量与其相应的被测物理量的增量之比表示。对于天平,被观测变量为指针在标尺上的位置,被测物理量为质量。当天平一侧增加一小质量 Δm 时,指针向另一侧偏转 n 格(单位为 div),则天平灵敏度 S 为

$$S = \frac{n}{\Delta m} \tag{2.2-1}$$

其中质量的单位,对于灵敏度低的取 g,对于灵敏度高的取 10 mg 或 mg。

天平的种类有很多。

(1)上皿天平:秤盘在上侧,灵敏度较低。

(2)不等臂天平:特殊设计的两臂的长度相差很多,使用特制砝码。

(3)单臂天平:只有一个秤盘,被测物体及砝码在同一侧。

(4)阻尼天平:在梁上挂上专门的阻尼盒,使天平的摆动能迅速停止。

(5)电阻尼天平:利用游标原理,能比较准确地读出指针的位置。

图 2.2-2 是物理天平,灵敏度约为 1 div/10 mg,图 2.2-3 是阻尼分析天平,灵敏度约为 1 div/mg。

使用天平前的调整步骤:

（1）调水平。调天平的底脚螺丝，观察铅锤或圆气泡水准器，将天平立柱调成竖直。

（2）调零点。空载时支起天平，若指针的停点和标尺中点相差超过 1 分格，则可调梁上的调平螺丝将其调回。此操作要在落下天平梁时进行。

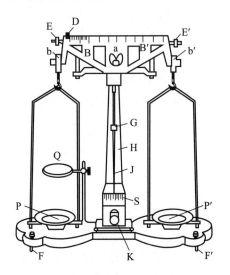

B、B′—梁；P、P′—秤盘；E、E′—调平螺丝；

b、a、b′—刀口；K—止动旋钮；J—指针；

H—立柱；S—标尺；G—灵敏度调节螺丝；

D—游码（100 mg）；F、F′—底脚螺丝；Q—载物台

图 2.2-2　物理天平

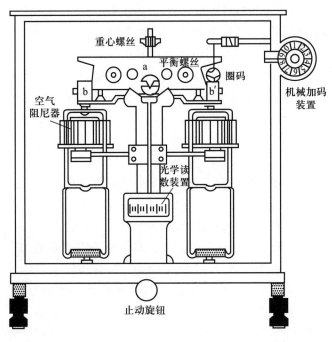

图 2.2-3　阻尼分析天平

【实验原理】

若体积为 V 的某一物体的质量为 m，则该物体的密度为 $\rho = \dfrac{m}{V}$。质量 m 可以用天平测得很精确，而对于形状规则的物体，体积可以根据公式进行计算。以球体为例，设球体的质量为 m，直径为 d，体积为 V，那么有

$$V = \frac{4}{3}\pi\left(\frac{d}{2}\right)^3 \qquad (2.2\text{-}2)$$

根据密度公式 $\rho = \dfrac{m}{V}$，就可以得出球体的密度：

$$\rho = \frac{6m}{\pi d^3} \qquad (2.2\text{-}3)$$

而形状不规则物体的体积很难通过几何公式求出。在水的密度已知的条件下，可由天平测量出物体的体积。

1. 用静力称衡法测固体的密度

（1）第一种情况：固体的密度大于水的密度。如图 2.2-4 所示，设被测物不溶于水，其质量为 m_1，用细丝将其悬吊在水中的质量示值为 m_2。又设水在当时温度下的密度为 ρ_w，物体的体积为 V，则依据阿基米德定律，有 $V\rho_w g = (m_1 - m_2)g$，其中 g 为重力加速度，整理后得

$$V = \frac{m_1 - m_2}{\rho_w} \qquad (2.2\text{-}4)$$

则被测物的密度为

$$\rho = \rho_w \frac{m_1}{m_1 - m_2} \qquad (2.2\text{-}5)$$

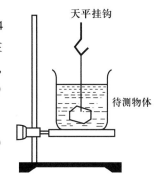

图 2.2-4　静力称衡法

（2）第二种情况：固体的密度小于水的密度。设被测物不溶于水，其质量为 m_0，辅助物（其密度大于水的密度）在空气中和浸没在水中的质量示值分别为 m_1 和 m_2，将被测物和辅助物连在一起后，用细丝将其悬吊在水中的质量示值为 m_3，则被测物和辅助物受到的浮力为

$$F = (m_0 + m_1 - m_3)g \qquad (2.2\text{-}6)$$

被测物浸没在水中时受到的浮力为

$$F = \rho_w V g = (m_0 + m_1 - m_3)g - (m_1 - m_2)g \qquad (2.2\text{-}7)$$

即被测物体积为

$$V = (m_0 + m_2 - m_3)/\rho_w$$

由定义式 $\rho = \dfrac{m}{V}$ 可求出被测物密度：

$$\rho = \frac{m_0 \rho_w}{m_0 + m_2 - m_3} \qquad (2.2\text{-}8)$$

2. 用静力称衡法测液体的密度

此法要借助不溶于水并且和被测液体不发生化学反应的物体（一般用玻璃块）。设

物体质量为 m_1,将其悬吊在被测液体中的质量示值为 m_2,悬吊在水中的质量示值为 m_3,则可得被测液体密度:

$$\rho = \rho_w \frac{m_1 - m_2}{m_1 - m_3} \qquad (2.2\text{--}9)$$

3. 用比重瓶测液体的密度

图 2.2-5 所示为比重瓶,它在一定的温度下有一定的容积。将被测液体注入瓶中,多余的液体可由塞中的毛细管溢出。

设空比重瓶的质量为 m_1,比重瓶充满密度为 ρ 的被测液体时的质量为 m_2,充满同温度的蒸馏水时的质量为 m_3,则

$$\rho = \rho_w \frac{m_2 - m_1}{m_3 - m_1} \qquad (2.2\text{--}10)$$

4. 用定容瓶测空气的密度

图 2.2-6 所示为定容瓶,用抽气机把空气抽出后,测得其质量为 m_1(残留空气的压强在 13 Pa 以下)。打开活塞并充入室内空气后,测得其质量为 m_2。记下空气的温度 t、大气压强 p 和相对湿度 H,在此测量条件下,空气的密度为

$$\rho = \frac{m_2 - m_1}{V} \qquad (2.2\text{--}11)$$

式中 V 为定容瓶的容积,可由瓶中充满水后的质量求出,其值可由实验室教师预先测出。

图 2.2-5 比重瓶

图 2.2-6 定容瓶

可用下式将 ρ 换算成标准状态下的干燥空气的密度 ρ_0(ρ_0 的公认值为 1.293×10^{-3} g·cm^{-3})。

$$\rho_0 = \rho\left(1 - 0.623\frac{p_w}{p - p_w}\right)\frac{p_0}{p - p_w}(1 + 0.003\,66\,t/^\circ\mathrm{C})$$

式中,$p_0 = 101\,325$ Pa,为标准状态下的大气压强;p_w 为所测空气中的水蒸气分压,可由 $p_w = egH$ 算出,e 为测量温度下水的饱和蒸气压,H 为相对湿度。

【实验内容】

(1)测量天平的灵敏度。

(2)用静力称衡法测固体的密度,测量步骤由学生自己安排,要求计算不确定度。

(3)用静力称衡法测液体的密度,测量步骤由学生自己安排,要求计算不确定度。

(4)用比重瓶测液体的密度,测量步骤由学生自己安排,要求计算不确定度。

（5）用定容瓶测空气的密度,测量步骤由学生自己安排。

在测量固体及液体的密度时,应注意排除气泡的影响。ρ_w 可在本书的附录中查出。

【数据处理】

（1）用静力称衡法测固体的密度。

（2）用静力称衡法测液体的密度。

（3）用比重瓶测液体的密度。

（4）用定容瓶测空气的密度。

【注意事项】

为了使测量工作能够顺利进行,并保证测量的准确性,也为了保护天平的灵敏度,在使用天平时必须遵守操作规则。注意事项如下。

（1）只有在判断天平哪一侧较重时,才可旋转止动旋钮并支起梁。在判明情况后,应慢慢将其止动。不允许在梁支起时,加减砝码、移动游码或取放物体,以防止天平受到大的震动而损伤刀口。

（2）被测物放在左盘上,在右盘上加砝码。取放砝码时要用镊子,用过的砝码要直接放到盒中原来位置,要注意保护砝码的准确性。

（3）称衡时,要先估计一下物体的质量,加一适当的砝码,支起天平,判明轻重后再调整砝码。调整砝码时,应从重到轻依次更换砝码,不要越过重的先加轻砝码,那样往往要多费时间,或者出现砝码不够用的情形。称衡过程中要经常检查吊耳的位置是否正常。

（4）称衡后,要检查梁是否已落下,梁及吊耳的位置是否正常,砝码是否按顺序摆好,以使天平始终保持正常状态。

（5）精密天平平时应放在玻璃箱中,取放物体、加减砝码时,可打开侧门,用后应及时关上侧门。正门一般不开,主要是避免由于空气流动而引起的天平的不正常摆动。

【精密称衡时的系统误差】

1. 等臂引入的系统误差

假设天平梁的左、右二臂有稍许差异,左臂长度为 l_1,右臂长度为 l_2。将质量为 m 的物体置于左盘上称衡,右盘上加砝码 m_1 时梁水平,将物体置于右盘上称衡时,左盘上加砝码 m_2 时梁水平,则有

$$mgl_1 = m_1 gl_2, \qquad m_2 gl_1 = mgl_2 \qquad\qquad (2.2\text{-}12)$$

二式相除并消去 g、l_1、l_2,得

$$\frac{m}{m_2} = \frac{m_1}{m}$$

即

$$m^2 = m_1 m_2$$

因此

$$m = \sqrt{m_1 m_2}$$

实际上 m_1 和 m_2 相差甚小,为了使计算简便,令 $m_2 = m_1 + \Delta m$,并将其代入上式,得

$$m = m_1 \left(1 + \frac{\Delta m}{m_1}\right)^{1/2}$$

展开上式,取一级近似可得

$$m = m_1\left(1 + \frac{1}{2}\frac{\Delta m}{m_1}\right) = \frac{1}{2}(m_1 + m_2) \tag{2.2-13}$$

2. 空气浮力引入的系统误差

假设天平是等臂的,当天平平衡时,由于砝码密度 ρ_1 与物体密度 ρ_2 一般不等,所以物体质量 m_2 与砝码质量 m_1 并不相等,这时有

$$m_2 g - \frac{m_2}{\rho_2}\rho_0 g = m_1 g - \frac{m_1}{\rho_1}\rho_0 g$$

式中 ρ_0 为空气的密度,g 为重力加速度。上式整理后可得

$$m_2 = m_1\frac{1 - \rho_0/\rho_1}{1 - \rho_0/\rho_2}$$

由于 ρ_1 和 ρ_2 均远大于 ρ_0,所以得近似式为

$$m_2 = m_1\left[1 + \left(\frac{1}{\rho_2} - \frac{1}{\rho_1}\right)\rho_0\right] \tag{2.2-14}$$

计算时取 $\rho_0 = 1.2 \times 10^{-3}$ g/cm^3,$\rho_1 = 8.0$ g/cm^3。

3. 砝码质量不准引入的系统误差

工厂生产的砝码的质量有不超过砝码等级规定的误差,又由于使用时的磨损,误差将增加,所以砝码的实际质量与它的标称质量(即刻在砝码上之值)不相等。精密砝码应定期送计量部门重新检定,以给出每个砝码的不确定度。

4. 观测者的个人因素引入的系统误差

这种误差是由观测者的个人习惯引起的,可通过换人测量去发现它。

【思考与讨论】

设计一个测较小粒状固体密度的方案。

实验三　电磁学实验基本知识

电磁学是现代科学技术的主要基础之一,在此基础上发展起来的电工技术和电子技术广泛应用于各个领域,对国计民生有着十分重要的意义。掌握电磁学实验的基本知识和方法已成为各学科领域的基本要求。

【课前预习】

(1) 电磁学实验的基本仪器及其用法。

(2) 连接电路需要注意的问题。

(3) 电磁学实验操作基本规程及安全知识。

【实验目的】

(1) 熟悉电磁学实验基本仪器的性能和使用方法。

(2) 练习连接电路以及测量直流、交流电压和电流。

(3) 掌握电磁学实验操作基本规程和安全知识。

【实验仪器】

电流表、电压表、数字万用表、滑动变阻器、电阻箱、直流稳压电源、开关、导线。

【仪器简介】

1. 电表

电表按其用途可分为直流电表和交流电表;按其结构可分为指针式电表和数字式电表。为方便,我们按结构分类进行讨论。

(1) 指针式电表。

① 指针式直流电表。大部分指针式直流电表是磁电式电表。它的内部构造如图 2.3-1 所示,永久磁铁的两极上连着带圆筒孔腔的极掌,极掌之间装着圆柱形软铁芯,其作用是使极掌和铁芯间的空隙中的磁场较强,且使磁感应线以圆柱的轴为中心呈均匀辐射状分布。在圆柱形铁芯上支撑有一个可在铁芯和极掌间的空隙间运动的矩形线圈,线圈上固定有一根指针(或光指针)。当有电流通过时,线圈受磁力矩作用而偏转,直到跟游丝的反扭力矩平衡而静止不动。线圈偏转角度的大小与所通过的电流大小成正比,这是磁电式电表的基本特征。

常用的指针式直流电表有以下几种。

(i) 指针式检流计:它的特征是指针零点处在刻度盘的中央,便于检测出不同方向的直流电。其主要参量如下。

电流计常量:即偏转一小格所代表的电流值,一般约为 10^{-6} A/div。

内阻:数十欧姆。

指针式检流计主要用于检测小电流或小电位差,在使用时,常串联一个阻值较大的可

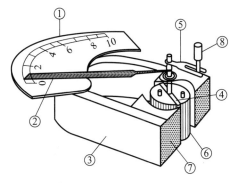

①—度盘;②—指针;③—永久磁铁;
④—线圈;⑤—游丝;⑥—软铁芯;
⑦—极掌;⑧—零点调节螺丝

图 2.3-1　指针式直流电表内部构造示意图

变电阻,以控制通过的电流,避免过大的电流损坏电表,这种电阻称为保护电阻,如图 2.3-2 中的 R_h。

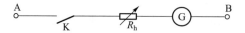

图 2.3-2　指针式检流计支路接线示意图

（ii）直流电压表:它的用途是测量电路中直流电压的大小。其主要参量如下。

量程:即指针偏转满刻度时的电压值。例如,若一个电压表的量程为"0-2.5 V-5 V-10 V",则表示该电压表有三个量程。第一个量程在加上 2.5 V 电压时,指针偏转到满刻度,其他量程同理。

内阻:即电压表两端的电阻。对于同一电压表,量程不同其内阻也不同,电压表内阻可以用单位电压的电阻大小来表示(俗称每伏欧姆数)。例如,对于"0-2.5 V-5 V-10 V"的电压表,其每伏欧姆数是 1 kΩ/V,可用如下公式计算某量程的内阻:

$$内阻 = 量程×每伏欧姆数$$

（iii）直流电流表(毫安表、微安表):它的用途是测量电路中直流电流的大小。其主要参量如下。

量程:即指针偏转满刻度时的电流值,常用的电表一般都是多量程的。

内阻:一般电流表的内阻都在 1 Ω 以下。毫安表、微安表的内阻为 100~2 000 Ω。

指针式直流电表按准确度分为七级:0.1,0.2,0.5,1.0,1.5,2.5,5.0。电表的准确度等级是用电表基本误差的百分数值表示的。例如一个 0.5 级的电表,其基本误差为 ±0.5%。用电表的准确度等级 α 及电表的量程 X_m 可以求出电表的最大允许误差,$e = \alpha\% \cdot X_m$,即电表标度尺上所有分度线的基本误差都不超过 e。

上述七种等级的电表的基本误差在标度尺工作部分的所有分度线上都不应超过表 2.3-1 中的值。

表 2.3-1　电表的准确度等级及相应的基本误差

准确度等级	0.1	0.2	0.5	1.0	1.5	2.0	5.0
基本误差/%	±0.1	±0.2	±0.5	±1.0	±1.5	±2.0	±5.0

② 指针式交流电表。指针式交流电表有电动式、整流式、动铁式、电子管式和晶体管式等多种类型。现在随着数字电压表的普及,电动式、动铁式和电子管式等因内阻小、频率响应范围较小、携带不便等诸多缺点而被数字电压表所取代。目前尚在广泛使用的是整流式电表,在此不作详细介绍。

③ 指针式电表使用的注意事项。

（i）量程的选择:应根据待测电流或电压的大小,选择合适的量程。量程太小,或者电压、电流过大,都会使指针式电表损坏;量程太大,指针式电表的偏转过小,会使读数不确定度过大。使用时应事先估计待测量的大小,选择稍大的量程,试测一下,如不合适,再换用合适的量程。如果不知道待测量的大小,则必须从最大量程开始试测。

可根据电表的准确度等级求出测量值 X 的最大相对误差:

$$e/X = \alpha\% \cdot (X_m/X)$$

由上式可看出,测量值 X 越接近电表量程 X_m,相对误差就越小。反之,当测量值比选用的电表量程小得多时,相对误差将会很大。这一点在使用指针式电表时要特别注意。

例如,一个 0.5 级、3 V 量程的电压表的基本误差为 0.5%,每个读数的最大误差为

$$e = 3\ V \times 0.5\% = 0.015\ V$$

用其测量电压,当电压表的读数为 3 V 时,测量的相对误差为

$$\frac{0.015\ V}{3\ V} = 0.5\%$$

而当电压表读数为 2 V 时,测量的相对误差为

$$\frac{0.015\ V}{2\ V} = 0.75\%$$

在选用电表时不应片面追求准确度越高越好,而应根据被测量的大小及对误差的要求,对电表的准确度等级及量程进行合理选择。一般按照"使测量值大于等于量程的三分之二"的原则去选择量程,这样电表可能出现的最大相对误差为

$$e/X = \alpha\% \cdot [X_m/(2X_m/3)] = 1.5\alpha\%$$

即相对误差不会超过准确度等级百分数的 1.5 倍。

(ⅱ)电流方向:对于直流电表,指针偏转方向与所通过的电流方向有关。接线时必须注意电表上接线柱的"+""−"标记。"+"表示电流流入端,"−"表示电流流出端,切不可接错极性,以免撞坏指针。各种交流电表和仪器(如示波器、信号源等)的两个接线端中有一端标有接地符号"⊥",称之为"接地端"。实际上它表示这一端与仪器、仪表的金属外壳相连。在测量时,须正确设计电路,使得它们的"接地端"能在屏蔽外来干扰信号后恰当地(如直接或仅通过无感电阻)接在一起,否则外界交流信号的干扰将影响测量结果,甚至使测量无法进行。

(ⅲ)电表的接法:电流表是用来测量电流的,使用时必须串联在电路中。对于直流电流表,在将其接入电路时,须分清电路断开处电流的流入和流出方向,并将相应导线分别接在直流电流表的"+""−"接线柱上。电压表是用来测量电压的,使用时应与被测量电压两端并联。

(ⅳ)视差问题:对于指针式电表,读数时应正确判断指针位置。为了减少视差,必须使视线与刻度表面垂直后再记数。精密的电表的刻度尺下方附有镜面,当指针在镜中的像与指针重合时,所对准的刻度才是电表的准确读数。

(ⅴ)指针式电表在其外壳上有零点调节螺丝,通电前应先检查并调节,使指针指零。

(ⅵ)指针式电表的表盘下方通常有一些标明电表基本结构、准确度等级、安放方式(如水平、竖直或成角度放置)、使用要求(如用于交流或直流测量)等的符号,在使用电表前对它们一定要了解清楚。

在使用电表时,由于正常的工作条件(如温度、湿度、工作位置等)得不到满足而引起的指示值的误差,称为附加误差。因此,在使用电表特别是比较精密的电表时要注意工作条件,以减少附加误差。

(2)数字式电表。实验室用的 UT56 型四位半数字万用表,可以用来测量交直流电

压、交直流电流、电阻、电容、频率、二极管正向压降、晶体三极管参量及进行电路通断测试。数字万用表使用注意事项如下。

① 应根据测量精度的要求,选择合适的数字万用表,不可一味追求使用高精度的数字万用表。

② 数字万用表的读数显示频率为 2~4 次/s,读出准确的测量结果需一定的延时,通常为 1~2 s。因此,使用数字万用表读数时,一定要待读数稳定后再读取测量结果,不可以当显示屏上一出现数据就立即读数。

③ 对于整数位数字万用表,例如三位表,其最大显示值为 999;对于四位半数字万用表,其最大显示值为 19 999,即半位总是出现在最高位。当超过量程时显示屏最高位显示"1",其他位消隐。

④ 在使用数字万用表之前,必须先看说明书,看一下工作环境是否满足要求,并确认保证准确度的湿度、工作温度、储存温度等使用条件是否满足要求。

⑤ 使用时必须注意测试插口旁的符号,测试电压或电流不要超过指示数字。此外,使用前要先将量程放置在想测量的挡位上。

⑥ 当使用电流输入插口时,要注意区分小量程的插口和"10 A"插口。小量程的电流输入插口内装有保险丝,超过量程将会烧坏保险丝,应按原装规格更换保险丝后再继续使用。"10 A"输入插口内无保险丝。

⑦ 一般数字万用表具有自动关机功能,开机 15 min 后会自动切断电源。如需再次使用,按下电源开关即可,使用完毕也可手动关机。

⑧ 数字万用表是一部精密电子仪器,不要随意更改其内部电路以免损坏,并要注意以下几点。

（i）不要接到高于 1 000 V 直流或有效值 750 V 交流电压上去。

（ii）切勿误接量程,以免内外电路受损。

（iii）仪表后盖未完全盖好时切勿使用。

（iv）不要在潮湿、水蒸气多或灰尘多的地方使用。

（v）使用前应检查表笔,绝缘层应完好,无破损和断线。

（vi）红、黑表笔应插在符合测量要求的插孔内,保证接触良好。

（vii）量程开关应置于正确的测量位置。

（viii）严禁量程开关在电压或电流测量过程中改变挡位,以防损坏仪表。

（ix）定期用湿毛巾或温和的清洁剂清洗仪表外壳,不要使用溶剂和研磨剂。

（x）换电池及保险丝时,须拔去表笔并关断电源后再操作。

⑨ 数字万用表的电压测量部分内阻很高,可高达 10 MΩ,其电流量程各挡的内阻并不一定很小。如 UNI-TUT2001 型数字万用表的 10 A, 2 A,200 mA,20 mA,2 mA, 200 μA 等电流挡的内阻分别约为 0.1 Ω,0.4 Ω,1.4 Ω,10 Ω,100 Ω,997 Ω,这是在使用时务必要注意的。

2. 常用电学仪器

（1）电阻箱。ZX-21 型电阻箱如图 2.3-3(a)所示,它的内部有一由铜线绕成的标准电阻,其内部接线示意图如图 2.3-3(b)所示。调节电阻箱上的旋钮,可以得到不同的电阻值。例如在图 2.3-3(b) 中,×10 000 挡指示 2,代表电阻为 20 000 Ω;×1 000 挡指示 3,代表电阻为 3 000 Ω;×100 挡指示 6,代表电阻为 600 Ω;×10 挡指示 0,代表电阻为 0 Ω;×1 挡指示 2,代表电阻为 2 Ω;×0.1 挡指示 6,代表电阻为 0.6 Ω。这时 AD 间总电阻为

$$(2×10\ 000+3×1\ 000+6×100+0×10+2×1+6×0.1)\ Ω=23\ 602.6\ Ω$$

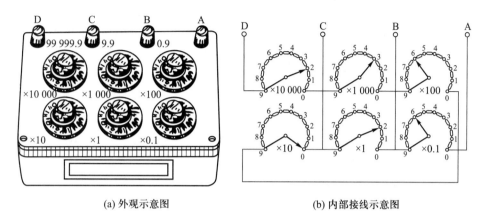

(a) 外观示意图　　　　　　　　　　(b) 内部接线示意图

图 2.3-3　ZX-21 型电阻箱

电阻箱的主要参量如下。

总电阻:即最大电阻值。如图 2.3-3 所示的电阻箱的总电阻为 99 999.9 Ω。

额定功率:指电阻箱上每个电阻挡的额定功率,一般电阻箱的额定功率为 0.25 W,可以由它计算各电阻挡的额定电流,例如用×1 000 挡时,额定电流为

$$I=(P/R)^{1/2}=(0.25/1\ 000)^{1/2}\ A≈0.016\ A=16\ mA$$

当使用×1 挡时,额定电流为

$$I=(P/R)^{1/2}=(0.25/1)^{1/2}\ A=0.5\ A$$

可见,电阻值越大的挡,其额定电流越小。过大的电流会使电阻发热,致使电阻值不准确,甚至会烧毁电阻箱。

电阻箱的误差:根据直流电阻箱检测规程,我们不再给出电阻箱的整体准确度等级,而是给出各个十进盘电阻的准确度等级(表 2.3-2)和残余电阻(亦称零电阻)的阻值,$R_0=(20±5)\ mΩ$。

表 2.3-2　电阻箱各个十进盘电阻的准确度等级(在 20 ℃时)

十进盘	×10 000 Ω	×1 000 Ω	×100 Ω	×10 Ω	×1 Ω	×0.1 Ω
电阻的准确度等级	0.1%	0.1%	0.5%	1%	2%	5%

例如,若一个 ZX-21 型电阻箱输出的电阻值是 5 236 Ω,则由表 2.3-2 可知,其最大允许误差为

$$e=(5\ 000×0.1\%+200×0.5\%+30×1\%+6×2\%+0.02)\ Ω=6.44\ Ω≈6\ Ω$$

再考虑到十进盘钮的接触电阻产生的附加误差,通常这种误差为最大允许误差的 2～3 倍。因此,在使用电阻箱时要尽量少用小阻值旋钮。

(2) 变阻器。电阻箱是一种准确度比较高的变阻器,常用的准确度较低的变阻器有滑动变阻器和电位器。

① 滑动变阻器。滑动变阻器一般用于大电流的电路中,其额定功率为几瓦到几百瓦,可以用来控制电路中的电压和电流,它的构造如图 2.3-4(a) 所示,电阻丝密绕在绝缘瓷管上,两端分别与固定在瓷管上的接线柱 A、B 相接,电阻丝上涂有绝缘物,使匝与匝之间相互绝缘,瓷管上方装有一根和瓷管平行的金属棒,一端连接接线柱 C,棒上套有滑动接触器 D,它紧压在电阻丝线圈上,接触器与线圈接触处的绝缘物已被刮掉,所以接触器 D 沿金属棒滑动就可以改变 AC 或 BC 之间的电阻。

了解滑动变阻器的结构很重要,可以把图 2.3-4(a) 和(b) 中的 A、B、C 三点相互对照。

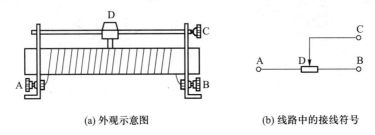

(a) 外观示意图   (b) 线路中的接线符号

图 2.3-4　滑动变阻器

滑动变阻器的主要参量如下。

全电阻:AB 间的总电阻。

额定电流:滑动变阻器所允许通过的最大电流。

滑动变阻器有两种接法,分别称为制流电路和分压电路。

(ⅰ) 制流电路。如图 2.3-5 所示,A 端和 C 端连在电路中,B 端空着不用,当接触器 D 滑动到 B 端时,整个电阻串联入回路,$R_{AC} = R_{AB}$,阻值最大,回路电流最小;当接触器 D 滑动到 A 端时,$R_{AC} = 0$,回路电流最大。

为了保证安全,在接通电源前,一般将接触器 D 滑动到 B 端,使 R_{AC} 最大,电流最小,然后逐步减小电阻,使电流增至所需值。

(ⅱ) 分压电路。如图 2.3-6 所示,滑动变阻器的两个固定端 A 和 B 分别与电源两极相连,滑动端 C 和一个固定端 A(或 B)连接用电部分,当接触器 D 滑到 A 端时,输出电压 $U = 0$;当接触器 D 滑到 B 端时,输出电压 $U = E$,即改变接触器 D 的位置可以使输出电压在零到电源电压之间任意调节。

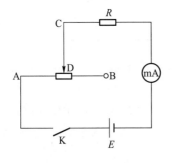

图 2.3-5　制流电路接线图

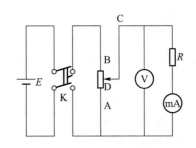

图 2.3-6　分压电路接线图

② 电位器。小型变阻器通常称为电位器,它的额定功率只有零点几瓦到数瓦,视体积大小而定。电阻值较小的电位器多用电阻丝绕成,称为线绕电位器;而电阻值较大(从几千欧到几兆欧)的电位器则用碳质薄膜作为电阻,故称为碳膜电位器。由于电位器的生产已经系列化,规格相当齐全,所以很容易选购到阻值合适的电位器。图 2.3-7 为圆形电位器外观图,三个接线端分别用 A、B、C 表示。

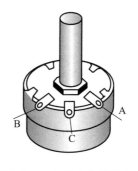

图 2.3-7　圆形电位器外观图

（3）电源。实验室用的电源分为直流电源和交流电源两种。

① 直流电源。目前实验室普遍采用的是晶体管稳压电源,这种电源稳定性好、内阻小,输出连续可调,使用方便。例如,实验室常用的 WJY-30F 型稳压电源,其最大输出电压为 30 V,最大输出电流为 3 A。

在功率小、稳定性要求又不高的场合,干电池是很方便的直流电源。1 节干电池的电动势为 1.5 V,也有由多节干电池串接成的集成电池。干电池经使用后,其电动势不断减小,内阻不断增大,最后由于内阻很大,不能再提供电流,此时干电池即告报废。一般来说,干电池在电动势降到约 1.1 V 时就不能再使用了。

② 交流电源。交流电的电压(或电流)作周期性变化。实际上,它包括各种各样的波形,例如正弦波、方波、锯齿波等。要全面了解交流电,必须知道它的频率、波形、初相和电源的峰值,这只有用示波器才能做到。

实验室用的主要电源是 50 Hz 的正弦交流电。输送到实验室的一般是五线三相制 380 V 的动力电。在这五根输电线中,一根与大地连接,称为“地线”,这根线把用电器的金属外壳与大地相连,以确保人身安全;另外四根中有三根是“相线”,俗称“火线”;最后一根是零线。相线与零线之间的电压称为相电压,大小为 220 V(有效值)。

【电磁学实验操作规程】

（1）准备。在进入实验室之前,要做好预习并准备好预习报告和数据表格。在做实验时,要先把本组实验仪器的参量弄清楚,然后再根据电路图摆好元器件(也要考虑如何便于读数和操作)。

（2）连线。要在理解电路的基础上连线。例如,对于图 2.3-6 所示的电路,应当这样理解:分压器把电源电压分为两部分,即 U_{AC} 和 U_{BC};用电压表测出 U_{AC},这部分电压加在电阻 R 上,并由毫安计测出通过 R 的电流。连线的顺序及思路:从电源开始连线(但绝对不可先接通电源),用两根导线连到开关的两个接线柱上,再由开关引出两根线,连到滑动变阻器的两个固定端 A 和 B 上;从 A、C 两端引出两根线连到电压表上,使其测量分压 U_{AC},再从电压表两端引出两根线连接电阻 R 与毫安计串联的电路。

在连接时还可利用不同颜色的导线,这样可以表现出电路电位高低,也便于检查。一般用红色或浅色导线接正极或高电位;用黑色或深色导线接负极或低电位。应特别指出的是,在连线过程中,电源要在所有开关打开的情况下最后连入电路。

（3）检查。接好电路后,要先复查电路连接正确与否,再检查其他要求是否都满足。

例如,开关是否全部打开,电表和电源正、负极的连接是否正确,量程是否正确,电阻箱数值的设置是否正确,滑动变阻器的接触器 D(或电阻箱各挡旋钮)的位置是否正确,等等。一切都做好后,再请教师检查,检查合格并经教师同意后,方可接通电源。

(4) 通电。在闭合开关之前,要想好通电瞬间各仪表的正常反应是怎样的(例如,电表指针是指零不动还是偏转到什么位置)。开关闭合后,要密切注意仪表反应是否正常,并随时准备在出现不正常情况时断开开关,即采用试触法接通电源,以防因电路接错,造成仪器损坏。在需要更换电路元件时,应将电路中各个仪器的有关旋钮拨到安全位置,然后断开开关,再改接电路,经教师重新检查合格后才可接通电源继续做实验。

(5) 安全。不管电路中有无高压,都要养成避免用手或身体直接接触电路中裸露导体的习惯。

(6) 整理。实验完毕,应将电路中各仪器的旋钮拨到安全位置,断开开关,经教师检查数据后再拆线。拆线时应先断开电源,依次拆下电路中的其他元件,然后将所有仪器放回原处。清理实验区域内卫生,摆好桌椅,经教师允许后方可离开实验室。

特别注意:实验时绝对不允许先接通电源再连接电路。实验结束后,一定要先断开电源,再拆线。这是在电磁学实验中必须养成的习惯,目的是确保实验过程中的人身安全。

【实验内容】

(1) 详细地考察电表、电阻箱、滑动变阻器、开关的结构,以便掌握它们的使用方法和读数方法。

(2) 记录本组仪器的主要参量。

(3) 严格按照电磁学实验操作规程,连接图 2.3-5 所示的电路。接通电源,改变 D 的位置,观察 D 的位置和输出电流的关系,并做相应的记录。

(4) 按图 2.3-6 所示连接电路。接通电源,改变 D 的位置,观察 D 的位置和输出电压的关系并做相应的记录。

【数据处理】

根据实验内容(4)的数据记录,画出 U-I 曲线,并计算电阻 R 的阻值及不确定度,正确表述 R 的测量结果。

实验四 示波器的使用

示波器是一种综合性的电信号测量仪器,它能把看不见的电信号转换成能直接在显示屏上观察的波形。示波器实际上是一种时域测量仪器,我们用它可以观察电信号随时间的变化情况,也可以测量电信号的波形、幅度、频率和相位等。凡是能转换为电信号的物理量,都可以用示波器来观察。因此,学习使用示波器在物理实验中具有非常重要的意义。

【课前预习】

(1) 示波器的工作原理及主要构造。
(2) 示波器各个开关、旋钮的作用和使用方法。
(3) 如何用示波器测量信号周期、频率及电压?
(4) 如何调出李萨如图形?
(5) 如何测量两个交流信号相位差?

【实验目的】

(1) 了解通用示波器的结构和工作原理。
(2) 初步掌握通用示波器各个开关、旋钮的作用和使用方法。
(3) 学习利用示波器观察电信号的波形,测量电压、频率和相位。

【实验仪器】

V-252 型双踪通用示波器、SIGLENT SDG1025 型交流信号发生器、ZX38A/11 型交直流电阻箱、RX7/0 型十进式电容箱。

【实验原理】

示波器既可显示电信号变化过程的图形(又称波形),又可显示两个相关量的函数图形。由于各种物理量转换来的电信号均可利用示波器进行观察和测量,所以示波器是现代科学技术各领域中应用非常广泛的测量工具。

1. 示波器的构造和工作原理

最简单的示波器包括五部分:示波管、扫描发生器、同步电路、水平轴和垂直轴放大器、电源。下面对它们分别加以简单说明。

(1) 示波管。示波管是示波器进行图形显示的核心部分,如图 2.4-1 所示。在一个抽成高真空的玻璃泡中,电子枪(包括阴极、控制栅极和阳极)产生定向高速运动的电子束,电子束通过两对互相垂直的偏转板打在涂有荧光物质的屏面上,就可产生细小的光点。当偏转板上加交变电压时,电子束穿过偏转板时将上下(或左右)摆动,屏上光点则出现振动。由于屏上的荧光余辉和人眼的视觉暂留,当振动较快时,我们将看到屏上出现一条亮线,亮线的长度和交变电压的峰-峰值成正比。

(2) 扫描发生器。在示波器的 X 偏转板上,加上和时间成正比变化的锯齿形电压信号,如图 2.4-2(b) 所示。起初,X_1、X_2 间电压为 $-E$,屏上光点被推到最左侧,随后 X_1、X_2 间的电压匀速增加[类似于沙斗实验中匀速推动纸板,如图 2.4-2(a) 所示],屏上光点在沿 y 轴振动的同时,匀速向右移动,留下了光点的径迹(相当于纸板上的沙的径迹),当 X_1、

X_2 间的电压达到最大值 +E 时，光点移到最右侧，与此同时 X_1、X_2 间的电压迅速降到 -E，又将光点移到最左侧。上述过程如此不断重复。

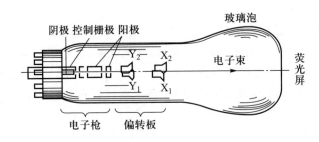

图 2.4-1 示波管

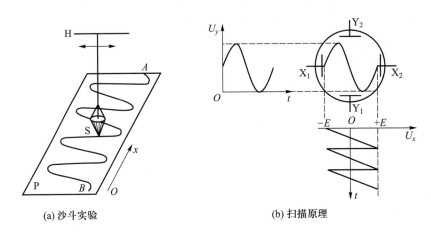

(a) 沙斗实验　　　　　　　　(b) 扫描原理

图 2.4-2 扫描发生器原理

将加到 Y 偏转板上的电压信号在屏上展开成函数曲线图形的过程称为扫描，所加的锯齿形电压信号称为扫描电压信号，示波器由扫描发生器提供扫描电压信号。

（3）同步电路。为了观察到稳定的波形，要求每次扫描起点的相位等于前次扫描终点的相位，即要求扫描电压周期 T_x 为被测电压周期 T_y 的 n 倍（$n=1,2,3,\cdots$），同步电路就是为了实现以上目的而设计的。

（4）水平轴和垂直轴放大器。为了观察电压幅度不同的电信号波形，示波器内设有衰减器和放大器。它们可将要观察的小信号放大、大信号衰减，因此荧光屏上能显示出适中的波形。

（5）电源。电源保障了示波器各部件的正常工作。

2. 示波器的应用

示波器能够正确地显示各种波形，因此可用来监视各种信号及跟踪其变化。利用示波器还可将待测的波形与已知的波形进行比较，粗略地测量波形信号的幅度、频率和相位等。

（1）观察波形。示波器的种类很多，性能差异也较大，以下的讨论均基于 V-252 型双踪通用示波器前面板图，如图 2.4-3 所示。实验室提供的示波器可能不同，但基本操作方法是相同的。

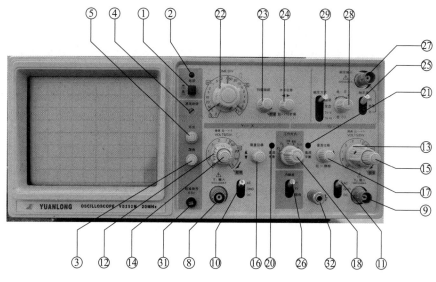

图 2.4-3 V-252 型双踪通用示波器前面板图

先按要求将示波器主要开关、旋钮调到初始位置,详见表 2.4-1,然后打开电源开关,预热 1 min。

表 2.4-1 示波器主要开关、旋钮初始位置

电源开关 ①	关
辉度控制旋钮⑤	逆时针旋到底
聚焦控制旋钮③	居中
水平位移旋钮㉔	居中
垂直位移旋钮⑯⑰	居中
工作方式选择开关⑱	CH1(或 CH2)
触发方式选择开关㉙	自动
触发源选择开关㉕	内
内触发选择开关㉖	CH1(或 CH2)
扫描时间选择旋钮㉒	0.5 ms/div
扫描电压选择旋钮⑫⑬	0.5 V/div
扫描电压微调控制旋钮⑭⑮	顺时针旋到底
扫描时间微调控制旋钮㉓	顺时针旋到底
输入耦合开关⑩⑪	GND

调节辉度控制旋钮⑤和聚焦控制旋钮③,待屏幕上出现的扫描线最细时,将待测信号接到 CH1 输入端口⑧或 CH2 输入端口⑨,这样在屏幕上就能显现相应的波形。调节扫描时间选择旋钮㉒、扫描电压选择旋钮⑫、水平位移旋钮㉔及垂直位移旋钮⑯或⑰,使得波形大小和位置适中,并出现 4 至 5 个完整波形。此时,波形可能"走动",调节触发电平控制旋钮㉘就能使波形静止。以上是粗调示波器的几个重要步骤。为了使显示的波形清晰、稳定和幅度适中,可重新仔细调节示波器各旋钮,边调节边观察,反复练习后就能比较熟练地掌握用示波器观察待测信号波形的方法。

（2）测量电压。用示波器可以测量输入信号的电压。如图 2.4-4 所示,方波幅度为 4 div,如果扫描电压选择旋钮⑫所对应的数值为 2.5 V/div,则方波电压的峰-峰值为 $U_{p-p}=4.0\ \text{div}\times2.5\ \text{V/div}=10.0\ \text{V}$,而其有效值可以按照公式 $U=\dfrac{U_{p-p}}{2}\dfrac{1}{\sqrt{2}}\approx\dfrac{0.71U_{p-p}}{2}$ 计算出来。

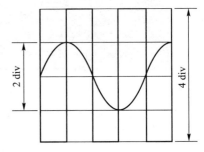

图 2.4-4　方波、正弦波图形

注意:在测量电压幅度时,可以调节扫描电压选择旋钮⑫使信号波形的高度适中,但是切记不能调节扫描电压微调控制旋钮⑭,要将其置于顺时针旋到底的位置。

（3）测量周期和频率。用示波器测量频率或周期时必须知道 x 轴的扫描时间,即 x 轴每分度相当于多少秒或者微秒,这一数值可以在扫描时间选择旋钮㉒上读取。如图 2.4-4 所示,正弦波一个周期在 x 轴上占了 4 div,假定扫描时间为 10 ms/div,则此正弦波的周期为 $T=4.0\ \text{div}\times10\ \text{ms/div}=40\ \text{ms}$,因此频率为 $f=\dfrac{1}{40\ \text{ms}}=25\ \text{Hz}$。

注意:当显示的波形的个数较多时,可测量 n 个周期的时间后将其除以 n 来计算周期,以保证周期有较高的精度。

（4）李萨如图形。将已知频率为 f_y 的正弦波信号作为标准信号接在 CH2 输入端口,将待测频率为 f_x 的正弦波信号接在 CH1 输入端口,工作方式选择开关⑱置于"交替"位置,屏幕上将出现两个正弦波图形。将两个图形的高度和位置调节适中后,将扫描时间选择旋钮㉒顺时针旋到底(即 X-Y 工作方式),示波器屏幕上将显示合成图形(即李萨如图形)。

注意:由于两种信号的频率不会非常稳定和严格相等,所以得到的李萨如图形不会很稳定,会经常出现上下左右来回或定向的翻转现象。如果是比较稳定的翻转,那么测出翻转一次的时间 $t(\text{s})$,就可知 f_x 与 f_y 之差为 $1/t(\text{Hz})$。

① 测量正弦波信号频率。如图 2.4-5 所示,由李萨如图形在 x 轴和 y 轴上的切点数(在相位差为 90° 的图形外周引水平和垂直线,水平和垂直切线与图形的切点数分别为 m 和 n),利用下式可求出频率比。

$$\frac{f_x}{f_y}=\frac{\text{垂直线与图形的切点数}}{\text{水平线与图形的切点数}}=\frac{n}{m} \qquad (2.4-1)$$

即

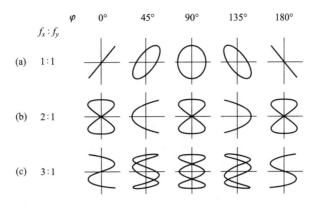

图 2.4-5　几种相位和频率比的李萨如图形

$$f_x = \frac{n}{m}f_y$$

则对于图 2.4-5,有

(a) $f_x = f_y$,(b) $f_x = 2f_y$,(c) $f_x = 3f_y$

② 计算两个正弦波的相位差。如图 2.4-6 所示,y 轴和 x 轴接入的正弦波信号分别为

$$y = a\sin \omega t \qquad (2.4\text{-}2)$$
$$x = b\sin(\omega t + \varphi) \qquad (2.4\text{-}3)$$

则 y 轴正弦波信号与 x 轴正弦波信号的相位差为 φ。假设波形在 x 轴上的截距为 $2x_0$,对 x 轴上的 P 点,有 $y = a\sin \omega t = 0$,即 $\omega t = 0$,因此,

$$x_0 = b\sin(\omega t + \varphi) = b\sin \varphi$$

则

$$\varphi = \arcsin \frac{x_0}{b} \text{ 或 } \pi - \arcsin \frac{x_0}{b} \qquad (2.4\text{-}4)$$

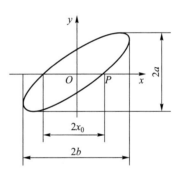

图 2.4-6　相位差的计算

【仪器简介】

V-252 型双踪通用示波器前面板图如图 2.4-7 所示。

① 电源开关:按进为电源开,按出为电源关。

② 电源指示灯:电源接通后该指示灯亮。

③ 聚焦控制旋钮:左右调节该旋钮可改变扫描线的聚焦程度,扫描线最细时聚焦最好。

④ 基线旋转控制:调节扫描线和水平刻度线平行。

⑤ 辉度控制旋钮:顺时针方向旋转,辉度(即亮度)增加;反之,辉度减小。

⑥ 电源保险丝插座(位于后面板):放置整机电源保险丝,对机器进行过流保护。

⑦ 电源插座(位于后面板):插入电源线插头。

⑧ CH1 输入端口:用于接入信号,当示波器工作于 X-Y 方式时,此端口的信号为 x 轴信号。

⑨ CH2 输入端口:用于接入信号,当示波器工作于 X-Y 方式时,此端口的信号为 y 轴信号。

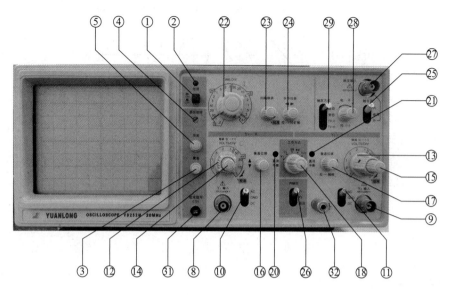

图 2.4-7　V-252型双踪通用示波器前面板图

⑩⑪ 输入耦合开关(AC,GND,DC):选择输入信号送至垂直轴放大器的耦合方式,AC:只有交流分量被显示;GND:接地;DC:包含信号的直流成分。

⑫⑬ 扫描电压选择旋钮:选择垂直偏转因数,可以改变波形垂直方向显示的幅度(即图形的高度),在此旋钮上读取的数据的单位为 V/div(伏特每格)或者 mV/div(毫伏每格)。

⑭⑮ 扫描电压微调控制旋钮:旋转此旋钮可小范围连续改变波形垂直幅度(即波形的高度),顺时针旋转到底为校准位置。

⑯⑰ 垂直位移旋钮:改变波形在屏幕上的位置,顺时针旋转波形向上移动,反之向下移动。

⑱ 工作方式选择开关(Y_1,Y_2,交替,断续,Y_1+Y_2):选择垂直偏转系统的工作方式,Y_1:只显示 CH1 通道的信号;Y_2:只显示 CH2 通道的信号;交替:同时显示 CH1 和 CH2 通道的信号;断续:同时显示扫描时间较长的 CH1 和 CH2 通道的信号;Y_1+Y_2:显示 CH1 和 CH2 通道的信号的代数和。

⑲ CH1 输出端(位于后面板):输出 CH1 通道信号的取样信号。

⑳㉑ 直流平衡调节控制:用于直流平衡调节控制。

㉒ 扫描时间选择旋钮:扫描时间范围从 0.2 μs/div 到 0.2 s/div,可选择 1、2、5 进制的 19 挡和 X-Y 工作方式。在此旋钮上读取的数据的单位为 ms/div(毫秒每格)或者 μs/div(微秒每格)。

㉓ 扫描时间微调控制旋钮:旋转此旋钮可小范围连续改变水平偏转因数(即波形水平宽度),顺时针旋转到底为校准位置。

㉔ 水平位移旋钮:改变波形在屏幕上的位置,顺时针旋转,波形向右移动;反之,波形向左移动。

㉕ 触发源选择开关:选择扫描触发信号源,内:CH1 或 CH2 通道作为触发源;电源:电源作为触发源;外:外触发输入端作为触发源。

㉖ 内触发选择开关:选择内触发信号源,Y₁:CH1 通道的信号作为触发信号;Y₂:CH2 通道的信号作为触发信号;组合:同时观察两个波形,触发信号交替取自 CH1 和 CH2 通道。

㉗ 外触发输入:输入外触发信号。

㉘ 触发电平控制旋钮:通过调节触发电平来确定扫描波形的起始点,并且当屏幕上的波形不稳定时,调节该旋钮可令波形静止。

㉙ 触发方式选择开关。自动:仪器始终自动触发,显示扫描线。有触发信号时,获得正常触发扫描,波形稳定显示;无触发信号时,扫描线将自动出现。常态:有触发信号时,获得触发扫描信号,实现扫描;无触发信号时,不出现扫描线。TV-V:用于观察电视同步信号的全场波形。TV-H:用于观察电视同步信号的全行波形。

注:只有当电视同步信号是负极性时,TV-V 和 TV-H 才能正常工作。

㉚ 外调辉度输入插座(位于后面板):通过输入外部直流信号调节辉度,输入正信号辉度降低,输入负信号辉度增加。

㉛ 校正 0.5 V 端子:输出频率为 1 kHz,电压峰-峰值为 0.5 V 的校正方波,用于校正探头的电容补偿。

㉜ 接地端子:示波器的接地端子。

【实验内容】

（1）熟悉示波器面板各开关、旋钮的名称和使用方法。

（2）在示波器通电前,将各主要开关、旋钮调到初始位置,详见表 2.4-1。

（3）打开示波器电源开关,待其预热 1 min 后,调节辉度控制旋钮使屏幕上出现一条水平扫描线,再调节聚焦控制旋钮,使扫描线最细。

（4）将校正方波(由示波器面板上㉛处输出)接至 CH1 输入端口,观察并测量波形。

（5）用低频信号发生器输出不同频率的正弦波和三角波,由示波器观察并测量信号的周期、频率、电压峰-峰值及电压有效值。

（6）将频率为 1 000 Hz 的正弦波信号作为标准信号接在 CH2 输入端口,观察频率比 $f_x:f_y$ 分别为 1:1,2:1,3:1,3:2 时的李萨如图形。

（7）测量两个正弦波的相位差,用电阻和电容组成一个 RC 串联电路,如图 2.4-8 所示,示波器 x 轴加电阻 R 两端电压,y 轴加 RC 两端电压,则

$$\varphi = \arcsin\frac{2b}{2a}$$

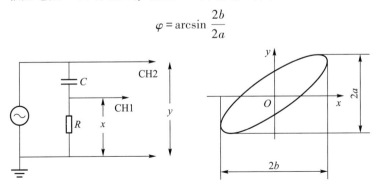

图 2.4-8 RC 串联电路

其中，$R = 500\ \Omega, C = 0.5\ \mu\text{F}, U = 1.00\ \text{V}, f$ 分别为 600 Hz, 800 Hz, 1 000 Hz, 1 200 Hz。

【数据处理】

（1）计算出表 2.4-2 中的信号的周期、频率、电压峰-峰值及电压有效值。

表 2.4-2　方波、正弦波、三角波测量记录表

	$f_{方波} = 1\ 000$ Hz	$f_{正弦波} = 1\ 000$ Hz	$f_{三角波} = 2\ 000$ Hz
扫描时间/（ms/div 或 μs/div）			
波形的一个或几个周期在水平方向所占格数/div			
周期/s			
频率/Hz			
扫描电压/（V/div）			
波形垂直高度所占格数/div			
电压峰-峰值/V			
电压有效值/V			

有效值公式：

$$U_{方波} = \frac{U_{\text{p-p}}}{2}\frac{1}{2}, \quad U_{正弦波} = \frac{U_{\text{p-p}}}{2}\frac{1}{\sqrt{2}}, \quad U_{三角波} = \frac{U_{\text{p-p}}}{2}\frac{1}{\sqrt{3}}$$

（2）将李萨如图形记录在表 2.4-3 中。

表 2.4-3　李萨如图形记录表

$f_x : f_y$	1∶1	2∶1	3∶1	3∶2
f_x/Hz				
f_y/Hz				
图形				

54

（3）将两个正弦波信号的相位差记录在表 2.4-4 中。

表 2.4-4　相位差记录表

f/Hz	600	800	1 000	1 200
2b/div				
2a/Hz				
φ/(°)				

【思考题】

（1）最简单的示波器包括哪几个部分？

（2）示波器的主要功能是什么？

（3）观察波形有哪几个重要步骤？

（4）怎样用示波器测量信号的周期、频率、电压峰-峰值及电压有效值？

（5）怎样用李萨如图形测量正弦波信号的频率？

（6）怎样根据李萨如图形来计算两个正弦波信号的相位差？

（7）简要写出示波器面板上各开关、旋钮的名称及作用。

实验五　静电场的描绘

在一些科学研究和生产实践中,人们往往需要了解带电体周围静电场的分布情况。一般来说,带电体的形状比较复杂,很难用理论方法计算其周围的电场。由于在静电场中没有电流通过,所以不能用磁电式仪表直接测量,这导致用实验手段直接研究或测绘静电场遭遇困难。为了解决这一难题,人们通常用"模拟法"(即用恒定电流场模拟静电场)来研究静电场。

【课前预习】

(1) 什么是模拟法?为什么要用模拟法研究静电场?
(2) 无限长带电直导线的电场强度和电势分布规律。
(3) 无限长带电直同轴电缆的电场强度和电势分布规律。
(4) 熟悉 FD-EFL-C 型静电场描绘实验仪的各部分结构及使用方法。
(5) 实验操作过程中的注意事项。

【实验目的】

(1) 学习用模拟法研究静电场。
(2) 加深对电场强度和电势概念的理解。
(3) 描绘平行导线电极和同轴电缆电极的等势线和电场线。

【实验仪器】

FD-EFL-C 型静电场描绘实验仪、直流稳压电源、米尺、游标卡尺、圆规、铅笔、导线等。

【实验原理】

1. 静电场与恒定电流场

带电体在它周围的空间产生场,可以用电场强度 E 或电势 U 的空间分布来描述电场,现在讨论的静电场的描绘是探索其电势 U 的空间分布,这是因为电势是标量,在测量上要简便些。但是直接测量静电场中各点的电势是很困难的,这是因为在静电场中不会有电流,所以不能用直流电表直接测量,除非用静电式仪表测量,但用静电式仪表测量就要用到金属探头,而深入静电场中的金属探头将使静电场发生显著的变化。

用恒定电流场来模拟静电场,可以使静电场的实验研究比较容易进行。静场和电流场本是不同的场,但是它们具有相似性,例如它们都引入了电势 U,而电场强度 $E=-\nabla U$;它们都遵守高斯定理,对一静电场,有

$$\oint_S E \cdot dS = 0 \quad (\text{闭合曲面 } S \text{ 内无电荷})$$

对一恒定电流场,则有

$$\oint_S j \cdot dS = 0 \quad (\text{闭合曲面 } S \text{ 内无电源})$$

上述两种场的电势分布在介质内服从相似的偏微分方程,这给人们一个启示。

如图 2.5-1 所示,电极通常由良导体制成,同一电极上各点电势相等,因此这两种场满足相同类型的边界条件。当导体 A、B 间的电势差等于电极 A、B 间的电势差时,运用

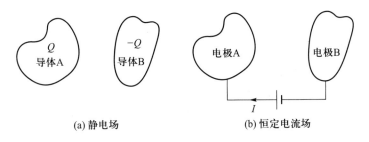

(a) 静电场   (b) 恒定电流场

图 2.5-1　静电场和恒定电流场的比较

电磁场的理论可以证明:像这样具有相同类型边界条件的两个相类似的方程,其解的形式也相同(两个解可能相差一个常数)。因此,我们可以用恒定电流场来模拟静电场,通过测量恒定电流场的电势来求得所模拟的静电场的电势。这种利用规律形式上的相似,由一种测量代替另一种测量的方法就是模拟法。

2. 无限长带电直导线的静电场

可以用恒定电流场模拟两根无限长平行带电直导线所产生的静电场。在导电玻璃上相距 l 的两处,用螺钉将两个半径为 R_A 和 R_B 的带孔柱形电极分别固定在导电玻璃上,并使电极与导电玻璃保持良好的接触,用导线将电极与直流电源相连,接通电源后,在两个电极间就形成了一个恒定电流场,如图 2.5-2 所示。

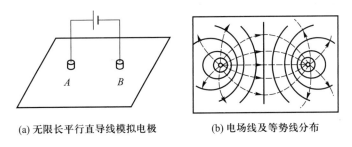

(a) 无限长平行直导线模拟电极   (b) 电场线及等势线分布

图 2.5-2　用恒定电流场模拟两根无限长平行带电直导线产生的静电场

两根无限长带电导线相距 $AB=l$,其半径分别为 R_A 和 R_B,在它们形成的静电场中,在 AB 上,距 A 为 r 的一点上的场强为

$$E = \left(\frac{K}{r} - \frac{K}{l-r} \right) e_r \tag{2.5-1}$$

其中 e_r 是沿 AB 方向的单位矢量,K 的值由柱形电极的电荷线密度决定。此点的电势为

$$U_r - U_{R_B} = \int_r^{l-R_B} \boldsymbol{E} \cdot \mathrm{d}\boldsymbol{l} = K \ln \frac{(l-R_B)(l-r)}{R_B r} \tag{2.5-2}$$

当 $r = R_A$ 时,可得

$$K = \frac{U_{R_A} - U_{R_B}}{\ln \dfrac{(l-R_B)(l-R_A)}{R_B R_A}} \tag{2.5-3}$$

如果 $U_{R_B} = 0$, $U_{R_A} - U_{R_B} = U_0$,则可以得到

$$K = \frac{U_0}{\ln \dfrac{(l-R_B)(l-R_A)}{R_B R_A}} \qquad (2.5\text{-}4)$$

3. 无限长带电直同轴电缆的静电场

图 2.5-3 为长直同轴圆柱形电极的横截面图。设内圆柱的半径为 r_a，电势为 U_a，外圆柱的内半径为 r_b，电势为 U_b，则两极间电场中距离轴心 r 处的电势 U_r 可表示为

$$U_r = U_a - \int_{r_a}^{r} E \mathrm{d}r \qquad (2.5\text{-}5)$$

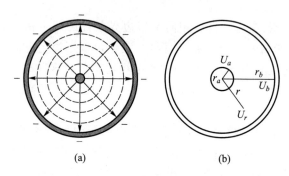

图 2.5-3　长直同轴圆柱形电极的横截面图

根据高斯定理，圆柱内 r 处的场强为

$$E = \frac{K}{r} \quad (r_a < r < r_b) \qquad (2.5\text{-}6)$$

其中，K 的值由圆柱的电荷线密度决定。

将式（2.5-6）代入式（2.5-5），得

$$U_r = U_a - \int_{r_a}^{r} \frac{K}{r} \mathrm{d}r = U_a - K\ln\frac{r}{r_a} \qquad (2.5\text{-}7)$$

在 $r=r_b$ 处，有

$$U_b = U_a - K\ln\frac{r_b}{r_a}$$

所以，有

$$K = \frac{U_a - U_b}{\ln \dfrac{r_b}{r_a}} \qquad (2.5\text{-}8)$$

取 $U_b = U_0$，$U_a = 0$，将式（2.5-8）代入式（2.5-7），得

$$U_r = U_0 \frac{\ln \dfrac{r}{r_a}}{\ln \dfrac{r_b}{r_a}} \qquad (2.5\text{-}9)$$

上式表明，两圆柱电极间的等势面是同轴的圆柱面。用模拟法亦可验证这一计算结果。

令

$$\frac{1}{\ln \dfrac{r_b}{r_a}} = C \quad （常数）$$

则上式又可以写成

$$\frac{U_r}{U_0} = C(\ln r - \ln r_a) = C_1 \ln r + C_2 \qquad (2.5\text{-}10)$$

其中，C_1、C_2 均为常数。

4. 实验记录装置

如图 2.5-4 所示为等臂记录法描绘静电场的实验装置，C 是探测棒，D 是记录棒，它们的横梁均是一块较薄的弹簧片，弹簧片一端与支架相连，另一端可以上下扳动，当下压探测棒时，探针即与导电玻璃接触，此时可测量电势。当找到等势点后，按下记录棒进行记录。

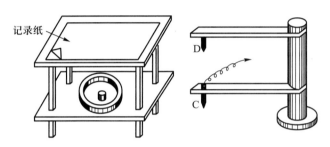

图 2.5-4　等臂记录法描绘静电场的实验装置

【实验内容】

（1）仪器连接：把待测导电玻璃平放于导电玻璃支架下层，实验主机直流电源的正、负极"输出"端通过手枪插线分别与导电玻璃"电极电压"的正、负极相连；实验主机"测量"端的正极与探针支架上的手枪插座相连，"测量"端的负极直接与"输出"端的负极相连，使两者处于同一电势。插上电源线，打开电源开关。

（2）调整输出：将直流电压表下方的波段开关拨至"输出"挡，此时直流电压表显示的是输出电压，调整输出电压至某一特定值（建议调整至 8～15 V）。

（3）定位测量：将波段开关拨至"测量"挡，在导电玻璃支架上层的有机玻璃板上平铺一张 A4 大小的白纸或者坐标纸。放置探针支架，使下层探针与导电玻璃相接触，此时直流电压表即显示接触点的电压值。上层探针离开白纸或坐标纸 2～5 mm（若达不到，可稍稍调整一下与探针相连的横梁），在上层探针与白纸或坐标纸之间插入一张复写纸，便可在纸上同步记录与下层探针相对应的点，从而便能够描绘出数个等电压点（测量过程中不可再调整直流电源输出电压）。

（4）描绘等势线和电场线：寻找等势线的最简单的办法是测出对同一电极电压相等之点。根据电压值和定位点，以描点连线的方式绘制出不同电压值的等势线，并依照等势线与电场线相垂直的关系画出电场线。

【数据处理】

（1）要求描绘 5 条不同电势的等势线，每条等势线应由 6 个等势点连接而成。对于连成的等势线,不要忘记标明它的电势值。注意观察等势线分布的规律,试解释其物理意义。

（2）根据式（2.5-10）,以 $y = \dfrac{U_r}{U_0}$ 为纵坐标,$x = \ln r$ 为横坐标作图,如果得到的是一条直线,那么就验证了圆柱形电容器中 $E = \dfrac{C}{r}$ 的关系式。

【注意事项】

（1）坐标纸要放对位置并放平,未打完所有点前,不能把坐标纸取下来。

（2）在按上面的探针时,一定要按住支架,避免产生偏移。

（3）注意保护导电玻璃,不可用特别尖锐的物体在导电玻璃上划动。

（4）直流电源正、负极不要短路。

（5）不可用力弯折连接探针的横梁。

实验六　磁场的描绘

　　工业生产和科学研究的许多领域都涉及磁场测量,如地质勘探、磁性材料研制、同位素分离、磁导航、电子加速器及人造地球卫星等。近些年来,磁场测量技术发展很快,目前常用的方法有电磁感应法、核磁共振法、霍耳效应法、磁光效应法及超导量子干涉器法等。本实验采用电磁感应法测量通电线圈产生的磁场,学生通过此实验可掌握磁场测量方法,加深对法拉第电磁感应定律和毕奥-萨伐尔定律的理解并验证矢量叠加原理。

【课前预习】

　　(1)毕奥-萨伐尔定律内容及公式。
　　(2)载流圆线圈轴线上磁场的分布规律。
　　(3)矢量叠加原理内容。
　　(4)用亥姆霍兹线圈磁场测定仪测定磁场的具体步骤。
　　(5)磁感应强度及其误差的计算。

【实验目的】

　　(1)研究载流圆线圈轴线上磁场的分布,加深对毕奥-萨伐尔定律的理解。
　　(2)掌握弱磁场的测量方法。
　　(3)考察亥姆霍兹线圈所产生磁场的均匀区。

【实验仪器】

　　圆线圈、亥姆霍兹线圈磁场测定仪、不锈钢尺、单刀双掷开关、导线等。

【实验原理】

　　1. 载流圆线圈轴线上的磁场分布

　　设圆线圈的半径为 R,匝数为 N,在通以电流 I 时,线圈轴线上一点 P 处的磁感应强度的大小等于

$$B = \frac{\mu_0 I R^2 N}{2\,(R^2 + x^2)^{3/2}} = \frac{\mu_0 I N}{2R\left(1 + \dfrac{x^2}{R^2}\right)^{3/2}} \qquad (2.6\text{-}1)$$

式中 $\mu_0 = 4\pi \times 10^{-7}\ \text{N/A}^2$,为真空磁导率,$x$ 为 P 点坐标,原点在线圈中心 O 处。线圈轴线上 B 与 x 的关系如图 2.6-1 所示。

　　2. 亥姆霍兹线圈轴线上的磁场分布

　　亥姆霍兹线圈是由一对半径为 R、匝数为 N 的圆线圈组成的,两线圈彼此平行且共轴,线圈间距离正好等于半径 R,如图 2.6-2 所示,坐标原点取在两线圈中心连线的中点 O 处。

　　给两线圈通以同方向、同大小的电流 I,它们在 x 轴上任一点 P 处产生的磁场的方向一致。A 线圈在 P 点处的磁感应强度为

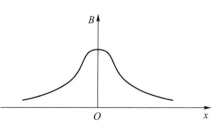

图 2.6-1　B-x 曲线图

$$B_A = \frac{\mu_0 I R^2 N}{2 \left[R^2 + \left(\dfrac{R}{2} - x \right)^2 \right]^{3/2}} \qquad (2.6\text{-}2)$$

B 线圈在 P 点处的磁感应强度为

$$B_B = \frac{\mu_0 I R^2 N}{2 \left[R^2 + \left(\dfrac{R}{2} + x \right)^2 \right]^{3/2}} \qquad (2.6\text{-}3)$$

在 P 点处，线圈 A、B 的合磁感应强度为

$$B_x = \frac{\mu_0 I R^2 N}{2 \left[R^2 + \left(\dfrac{R}{2} - x \right)^2 \right]^{3/2}} + \frac{\mu_0 I R^2 N}{2 \left[R^2 + \left(\dfrac{R}{2} + x \right)^2 \right]^{3/2}} \qquad (2.6\text{-}4)$$

从式（2.6-4）可以看出，磁感应强度 B_x 是 x 的函数，在点 O 处的磁感应强度为

$$B_x(0) = \frac{\mu_0 N I}{R} \frac{8}{5^{3/2}}$$

很容易算出，在 $x = 0$ 处和 $x = R/10$ 处，两点 B_x 值的相对差异约为 0.012%。在理论上可以证明，当两线圈的距离等于半径时，在原点 O 附近的磁场非常均匀，图 2.6-3 为 B_x-x/R 曲线。

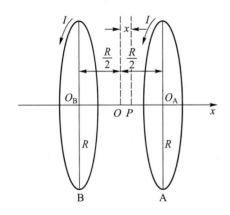

图 2.6-2　亥姆霍兹线圈

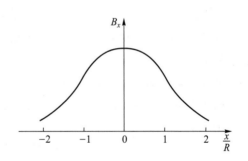

图 2.6-3　亥姆霍兹线圈轴线上的磁场分布

3. 利用亥姆霍兹线圈验证磁感应强度 **B** 的矢量叠加原理

根据矢量叠加原理，空间中某一点的合磁感应强度为各分磁感应强度的矢量和。

如图 2.6-4 所示，设在空间中的任一点 P 处，由 A 线圈单独产生的磁感应强度为 $\boldsymbol{B}_A$，其与 x 轴的夹角为 α_A，由 B 线圈单独产生的磁感应强度为 $\boldsymbol{B}_B$，其与 x 轴的夹角为 α_B，则两线圈产生的合磁感应强度为 $\boldsymbol{B}_{A+B}$，其与 x 轴的夹角为 α_{A+B}，根据矢量叠加原理，有

$$\boldsymbol{B}_{A+B} = \boldsymbol{B}_A + \boldsymbol{B}_B$$

线圈中的电流应保持不变，则合磁感应强度

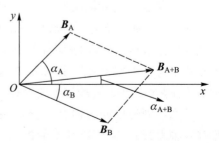

图 2.6-4　磁感应强度矢量叠加原理

的大小为

$$B_{A+B}^2 = B_A^2 + B_B^2 + 2B_A B_B \cos\ (\alpha_A + \alpha_B) \qquad (2.6-5)$$

为了方便起见,本实验通过测量轴线上的磁感应强度 **B** 来验证磁感应强度的矢量叠加原理。由于亥姆霍兹线圈轴线上的磁场方向沿着轴线方向,即式(2.6-5)中的 α_A、α_B 均为零,所以若实验中测得 $B_A + B_B = B_{A+B}$,则可认为磁感应强度的矢量叠加原理得以验证。

4. 仪器简介

磁感应强度是一个矢量,对它的测量既要测大小,又要测方向。测磁感应强度的方法很多,本实验利用亥姆霍兹线圈磁场测定仪来测量,其使用方法如下。

(1)两个圆线圈和固定架按图 2.6-5 所示安装。大理石台面应处于线圈组轴线位置。根据线圈内、外半径及沿半径方向的支架厚度,用不锈钢尺测量,令台面至线圈平均半径端点的距离约为 11.2 cm,并将固定架适当调正,直至台面通过两线圈的轴心位置。

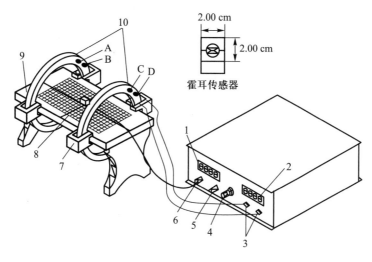

图 2.6-5　圆线圈及亥姆霍兹线圈磁场测定仪简图

(2)开机后应预热 10 min,再进行测量。

(3)可以调节和移动固定架(图中 7),改变两线圈之间的距离,用不锈钢尺测量,令两线圈间距等于线圈的半径(10 cm)。

(4)线圈上的红色接线柱表示电流输入,黑色接线柱表示电流输出。可以根据电流方向相同的两线圈串联或并联时,在轴线中心处产生的磁感应强度比单线圈产生的磁感应强度大,来判断两个线圈的电流方向是否相同。

(5)在测量时,应将探头盒底部的霍耳传感器对准台面上的被测量点,且在两线圈断电的情况下,调节调零旋钮(图中 5),使毫特计显示为零,然后再通电读数。

(6)毫特计为高灵敏度仪器,可显示 10^{-6} T 的磁感应强度变化。因此在线圈断电的情况下,对于台面上不同的位置,毫特计显示的最后一位略有区别,这主要是地磁场(台面并非水平)和其他杂散信号的影响。因此,在测量不同位置的磁感应强度时,均须调零。实验时,最好在线圈回路中接一单刀双掷开关以方便电流通断,也可插拔电源插头。

【实验内容】

1. 测量单线圈轴线上的磁感应强度

（1）调节线圈，使大理石台面位于线圈轴线上并与线圈垂直，用不锈钢尺辅助，找到线圈轴线及中心点，以轴线为 x 轴，选择线圈中心点为坐标原点 O。

（2）测量轴线上的磁感应强度，待测坐标点见表 2.6-1。

表 2.6-1　测量单线圈轴线上的磁感应强度记录表（$I=100$ mA；$R=10.00$ cm；$N=500$）

x/cm	−2.00	−1.00	0.00	1.00	2.00	3.00	4.00	5.00	6.00
B_B/mT									
x/cm	7.00	8.00	9.00	10.00	11.00	12.00	13.00	14.00	15.00
B_B/mT									

2. 测量亥姆霍兹线圈轴线上的磁感应强度并验证矢量叠加原理

（1）如图 2.6-5 所示，调节好两线圈的距离，$d=R=10.00$ cm，以两线圈的共同轴线为 x 轴，选择两线圈中心连线的中点为坐标原点 O。

（2）分别测量两个单线圈在轴上产生的磁感应强度 B_A 和 B_B，并求出 B_A+B_B，待测坐标点见表 2.6-2。

（3）将两个单线圈组成亥姆霍兹线圈（两线圈平行且共轴，$d=R$，线圈中电流等大同向），若两线圈串联，则取 $I=100$ mA；若两线圈并联，则取 $I=200$ mA，待测坐标点见表 2.6-2。

表 2.6-2　测两个单线圈及亥姆霍兹线圈轴线上的磁感应强度记录表（$I=100$ mA）

x/cm	−7.00	−6.00	−5.00	−4.00	−3.00	−2.00	−1.00	0.00
B_A/mT								
B_B/mT								
(B_A+B_B)/mT								
B_{A+B}/mT								
x/cm	1.00	2.00	3.00	4.00	5.00	6.00	7.00	
B_A/mT								
B_B/mT								
(B_A+B_B)/mT								
B_{A+B}/mT								

【数据处理】

（1）用 $I=100$ mA，$R=10.00$ cm，$N=500$ 匝，$\mu_0=4\pi\times10^{-7}$ N/A^2 计算出 $x=0.00$ cm 和 $x=5.00$ cm 处的磁感应强度，与实验值进行比较，并计算百分误差。

（2）计算 $x = 0.00$ cm 处亥姆霍兹线圈的磁感应强度,并与实验值 $B_A + B_B$ 和 B_{A+B} 进行比较,计算百分误差。

（3）作 B_{A+B}-x 曲线图,观察磁场的均匀区域。

【注意事项】

（1）应正确选择坐标原点。

（2）在测量时,要保证电流恒定。

（3）每次测量 B 时,都应先将显示器调零(将探测器放到测试点上)。

（4）若 B 的测量值为负值,则应将测量值变成正值。

【思考题】

（1）怎样利用探测器测量磁感应强度的大小和方向?

（2）如何测定磁场的方向? 请说出具体的步骤。

（3）如何描绘磁感应线?

（4）圆电流的磁场分布规律是什么? 如何验证毕奥-萨伐尔定律?

（5）如何证明磁感应强度是符合矢量叠加原理的?

（6）亥姆霍兹线圈能产生强磁场吗? 为什么?

实验七　测量薄透镜焦距

透镜是最基本的光学元件,生活中的门镜、显微镜、照相机以及望远镜等都是利用透镜或透镜组的原理制成的。焦距是透镜的基本参量,它决定了透镜的成像规律。本实验提供了几种常见的测量薄透镜焦距的方法。

【课前预习】

（1）透镜的相关概念和分类。

（2）凸透镜和凹透镜的成像原理。

【实验目的】

（1）了解薄透镜成像的原理和规律。

（2）掌握几种测量薄透镜焦距的方法。

（3）熟悉光学仪器的操作规程,学习各光学元件等高共轴的调节方法。

【实验仪器】

光具座、凸透镜、凹透镜、光屏、光源、物屏、平面反射镜。

【实验原理】

1. 凸透镜焦距的测定

（1）自准法。如图 2.7-1 所示,当发光物体 AB 正好位于凸透镜的焦平面时,它发出的光经过凸透镜后成为一束平行光,然后被平面反射镜反射回来,再经凸透镜折射后,会聚在焦平面,即原物屏平面上,形成一个与原物大小相等、方向相反的倒立实像 A′B′。此时物屏到透镜之间的距离就是凸透镜的焦距,即 $f=s$。

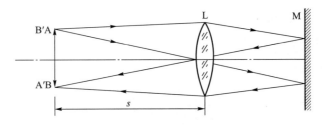

图 2.7-1　凸透镜自准法光路图

（2）公式法。在近轴光线条件下,将薄透镜置于空气中时,薄透镜成像的公式为

$$\frac{1}{s}+\frac{1}{s'}=\frac{1}{f} \tag{2.7-1}$$

式中,s 为物距,实物为正,虚物为负;s' 为像距,实像为正,虚像为负;f 为焦距,凸透镜为正,凹透镜为负。

（3）共轭法（二次成像法）。当物屏和像屏之间的距离 D 大于 4 倍焦距（$4f$）时,若保持 D 不变,沿光轴方向移动凸透镜,则可在像屏上二次成像。如图 2.7-2 所示,设物距为 s_1 时,得放大的倒立实像,则有

$$\frac{1}{s_1}+\frac{1}{D-s_1}=\frac{1}{f} \tag{2.7-2}$$

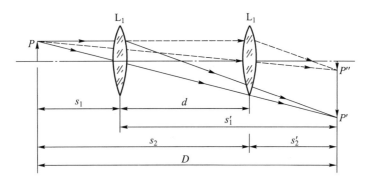

图 2.7-2　凸透镜共轭法光路图

当物距为 s_2 时,得缩小的倒立实像,则有

$$\frac{1}{s_2}+\frac{1}{D-s_2}=\frac{1}{f} \tag{2.7-3}$$

凸透镜两次成像位置之间的距离为 d,由图可知,$s_2=s_1+d$,结合上面两式,可得

$$f=\frac{D^2-d^2}{4D} \tag{2.7-4}$$

因此,只要测量出物屏与像屏之间的距离 D 及两次成像时凸透镜位置之间的距离 d,便可以求出焦距 f。由于这种方法无须考虑凸透镜本身的厚度,所以测量误差比前面两种方法小。

2. 凹透镜焦距的测定

(1) 成像法。凹透镜只能产生虚像,所以需要借助凸透镜来测定焦距。如图 2.7-3 所示,先使物 AB 经凸透镜 L_1 后形成一大小适中的实像 $A'B'$,将像 $A'B'$ 作为凹透镜 L_2 的虚物,在 L_1 和 $A'B'$ 之间的适当位置放入待测凹透镜 L_2,就能使虚物 $A'B'$ 产生一实像 $A''B''$。分别测出 L_2 到 $A'B'$ 之间的距离 s_2(虚物距,为负)和 L_2 到 $A''B''$ 之间的距离 s_2'(像距),根据式(2.7-1)即可求出凹透镜的焦距。

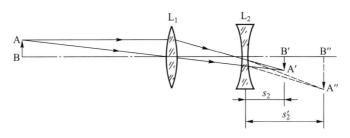

图 2.7-3　凹透镜成像法光路图

(2) 自准法。如图 2.7-4 所示,在光路共轴的条件下,移动凸透镜 L_1,使物 AB 发出的光经凸透镜 L_1 成实像 $A'B'$,然后放置并移动凹透镜 L_2,在物屏上得到一个与物大小相等的倒立实像。由光的可逆性原理可知,由 L_2 射向平面镜 M 的光线是平行光线,点 B' 是凹透镜 L_2 的焦点。记录凹透镜 L_2 和实像 $A'B'$ 的位置,可直接测出凹透镜的焦距。

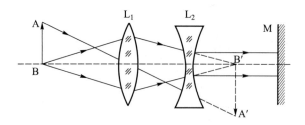

图 2.7-4　凹透镜自准法光路图

【实验内容】

1. 用会聚法粗略估测凸透镜的焦距

2. 光具座上各光学元件等高共轴的调节

（1）目测粗调。将光源、凸透镜、物屏等依次安装到光具座上,将它们靠拢,调节高低左右位置,使各元件中心大致在同一高度和同一直线上。

（2）细调。用共轭法原理进行调整,使物屏与像屏之间的距离 $D \geqslant 4f$,在物屏和像屏之间移动凸透镜,可得一大一小两次成像,若所成的大像与小像的中心重合,则等高共轴已调节好。若大像中心在小像中心的下方,则说明凸透镜位置偏低,应将其位置调高;反之,应将凸透镜位置调低。左右亦然,直到各光学元件的光轴共轴,并与光具座导轨平行为止。

3. 测量凸透镜的焦距

（1）自准法。按照图 2.7-1,在光具座上依次安装被光源照明的"1"字物屏、凸透镜和平面镜,然后移动凸透镜,即改变凸透镜到物屏的距离,直到物屏上出现清晰的等大倒立的"1"字像为止,测出此时的物距,此时的物距即凸透镜的焦距。在实际测量时,由于眼睛对像的清晰程度的判断不免有些误差,故常采用左右逼近法读数:先使凸透镜由左向右移动,当像刚清晰时停止,记下凸透镜的位置读数;再使凸透镜由右向左移动,当像刚清晰时又可得一读数,取两次读数的平均值作为成像清晰时凸透镜的位置。

（2）公式法。在靠近光源处固定物屏,再放入像屏,使物屏和像屏之间的距离大于 $4f$,然后在两者之间放入待测凸透镜,移动凸透镜,直至像屏上得到清晰的实像,利用公式计算凸透镜焦距。

（3）共轭法。固定物屏和像屏的位置,使物屏和像屏之间的距离大于 $4f$(注意:间距 D 不要取得太大,否则像太小难以确定其清晰程度),移动凸透镜,使像屏上分别出现一大一小清晰的像,记录两次成像时凸透镜的位置(可用左右逼近法读数)。

（4）二倍焦距法。利用凸透镜成像特点,当物在二倍焦距处时,像也在二倍焦距处,此时成等大倒立实像。

【数据处理】

（1）自准法。记录物屏的位置 x_0 与凸透镜的位置 x,利用 $f = x - x_0$ 计算凸透镜的焦距,测量 7 次取平均值,并算出 A 类不确定度。

（2）公式法。记录物屏的位置 x_0、凸透镜的位置 x 和像屏的位置 x_1,求得物距 s 和像距 s',利用公式(2.7-1)计算凸透镜的焦距 f,测量 7 次取平均值,并算出 A 类不确定度。

（3）共轭法。记录物屏的位置 x_0、像屏的位置 x 和两次成像时凸透镜的位置 x_1 及 x_2,

计算出物屏与像屏之间的距离 D 及两次成像时凸透镜位置之间的距离 d,利用公式(2.7-4)计算凸透镜的焦距 f,测量 7 次取平均值,并算出 A 类不确定度。

（4）二倍焦距法。记录物屏的位置 x_0、凸透镜的位置 x 和像屏的位置 x_1,求得物距 s 和像距 s',计算凸透镜的焦距 f,测量 7 次取平均值,并算出 A 类不确定度。

【注意事项】

（1）为了减少仪器损耗,不能用手触摸透镜,光学元件要轻拿轻放。

（2）为了减小误差,应使用左右逼近法读数。

【思考与讨论】

（1）为什么要调节光学系统共轴？共轴调节有哪些要求？不满足要求会对测量产生什么影响？

（2）为什么实验中常用白屏作为像屏？可否用黑屏、透明平板玻璃、毛玻璃作为像屏？为什么？

（3）试分析比较各种测量凸透镜焦距方法的误差来源,指出各种方法的优缺点。

第三章　综合性实验

实验一　用单摆测量重力加速度

单摆实验是一个经典实验,许多著名的物理学家如伽利略、牛顿、惠更斯等都对单摆实验进行过细致研究。伽利略第一个发现了单摆振动的等时性,并用实验验证了单摆的周期随摆长的二次方根而变动。惠更斯制成了第一个摆钟。本实验利用单摆来测量重力加速度的值。

【课前预习】

（1）停表的使用方法。

（2）用钢卷尺和游标卡尺测量长度的方法。

（3）重力加速度计算公式。

（4）计算测量结果的不确定度。

（5）正确表述测量结果。

【实验目的】

（1）练习使用停表和钢卷尺测单摆的周期和摆长。

（2）求出当地重力加速度 g 的值。

（3）考察单摆的系统误差对重力加速度测量的影响。

（4）练习计算测量结果的不确定度。

【实验仪器】

单摆、停表、游标卡尺、钢卷尺、乒乓球。

【实验原理】

用一不可伸长的轻线悬挂一小球（图 3.1-1）,小球作幅度很小（$\theta < 5°$）的摆动,该系统就是一单摆。

设小球的质量为 m,其质心到 O 点距离为 l（摆长）。作用在小球上的切向力大小为 $mg\sin\theta$,它总指向平衡点 O'。当 θ 角很小时,$\sin\theta \approx \theta$,则切向力的大小为 $mg\theta$,根据牛顿第二定律,质点的运动方程为

$$ma_切 = -mg\theta$$

$$ml\frac{\mathrm{d}^2\theta}{\mathrm{d}t^2} = -mg\theta$$

$$\frac{\mathrm{d}^2\theta}{\mathrm{d}t^2} = -\frac{g}{l}\theta \qquad (3.1-1)$$

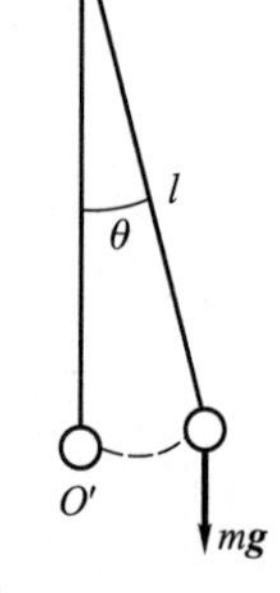

图 3.1-1　单摆
示意图

这是一简谐振动方程,可知该简谐振动的角频率 ω 的平方等于 g/l,由此得出

$$\omega = \frac{2\pi}{T} = \sqrt{\frac{g}{l}}$$

$$T = 2\pi\sqrt{\frac{l}{g}} \tag{3.1-2}$$

$$g = 4\pi^2\frac{l}{T^2} \tag{3.1-3}$$

实验时,测量一个周期的相对误差较大,一般是测量连续摆动 n 个周期的时间 t,则 $T = t/n$,因此有

$$g = 4\pi^2\frac{n^2 l}{t^2} \tag{3.1-4}$$

式中 π 和 n 不考虑误差,因此 g 的不确定度传递公式为

$$u(g) = g\sqrt{\left[\frac{u(l)}{l}\right]^2 + \left[2\frac{u(t)}{t}\right]^2}$$

从上式可以看出,在 $u(l)$、$u(t)$ 大体一定的情况下,增大 l 和 t 对测量 g 有利。

【实验内容】

1. 测重力加速度 g

对摆长为 l 的单摆,测量在 $\theta<5°$ 的情况下连续摆动 n 次的时间 t,求 g 值。要重复测几次。

适当选取 l 和 n 的值,争取使测得的 g 值的相对不确定度不大于 0.5%。

提示:

(1)摆长 l 应是摆线长度加小球的半径。

(2)当小球的振幅小于摆长的 $\frac{1}{12}$ 时,$\theta<5°$。

(3)握停表的手和小球同步运动时,测量不确定度可能小些。

(4)当小球过平衡位置 O' 时,开始计时,这样,测量不确定度可能小些。

(5)为了防止数错 n,应在计时开始时数"0",以后每过一个周期数 1、2、3、…、n。

2. 考察摆线质量对测量 g 的影响

按单摆理论,摆线的质量应甚小,这是指摆线质量应远小于小球的质量。一般实验室的单摆的摆线质量小于小球质量的 0.3%,这对测 g 的影响很小,因此这种影响在一般的实验条件下是感受不到的。为了研究摆线质量的影响,要用粗的摆线,每米摆线的质量应达到小球质量的 $\frac{1}{30}$,然后再参照实验内容 1 去测 g。

3. 考察空气浮力对测量 g 的影响

单摆理论未考虑空气浮力的影响。一般来说,单摆的小球是铁制的,它的密度远大于空气密度,因此在上述测量中显示不出空气浮力的影响。

为了显示空气浮力的影响,就要选用密度很小的小球。可以用细线吊起一乒乓球作为单摆的小球去测 g,再和实验内容 1 的结果进行比较。

注意: 除去空气浮力的作用,还有空气阻力使乒乓球的摆幅衰减得较快,另外空气流

动也对结果有较大影响。

【测量举例】

1. 用游标卡尺测小球的直径 d

d/cm	1.988	1.986

2. 测摆长 $l(l=x_2-x_1-\dfrac{d}{2}$,见图 3.1-2)

x_1/cm	2.11	2.06	2.08	2.05
x_2/cm	103.20	103.30	103.15	103.25
l/cm	100.10	100.25	100.08	100.21

3. 停表测 30 个周期的 t

t/s	60.32	60.25	60.16	60.20

$$\bar{l}\approx1.001\,6\ \mathrm{m},\quad \sigma(\bar{l})\approx0.000\,5\ \mathrm{m}$$
$$\bar{t}\approx60.23\ \mathrm{s},\quad \sigma(\bar{t})\approx0.04\ \mathrm{s}$$

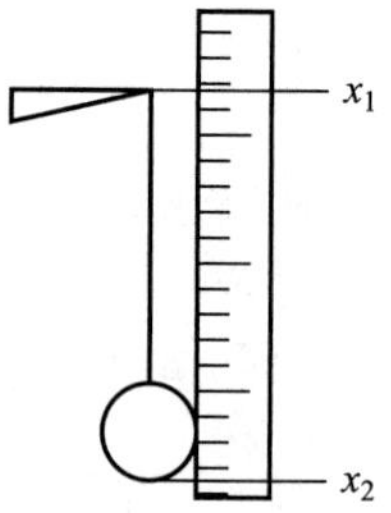

则

$$g=4\pi^2n^2l/t^2\approx9.800\,1\ \mathrm{m/s^2}$$

下面求 g 的不确定度 $u(g)$。

(1)求 l 的 $u(l)$。

对多次测量,有

$$u_\mathrm{A}(l)=\sigma(\bar{l})=0.000\,5\ \mathrm{m}$$

图 3.1-2 摆长测量

对钢卷尺,有 $\Delta=0.5$ mm,对游标卡尺,有 $\Delta=0.02$ mm,则

$$u_\mathrm{B}(l)=\sqrt{\left(\frac{0.5}{\sqrt{3}}\right)^2+\left(\frac{0.02}{\sqrt{3}}\right)^2}\ \mathrm{mm}\approx0.29\ \mathrm{mm}$$

故可得

$$u(l)=\sqrt{0.000\,5^2+0.000\,29^2}\ \mathrm{m}\approx0.000\,6\ \mathrm{m}$$

(2)求 t 的 $u(t)$。

对多次测量,有

$$u_\mathrm{A}(t)=0.04\ \mathrm{s}$$

对停表,有 $\Delta=0.5$ s,则

$$u_\mathrm{B}(t)=\frac{0.5}{\sqrt{3}}\ \mathrm{s}\approx0.29\ \mathrm{s}$$

故可得

$$u(t)=\sqrt{0.29^2+0.04^2}\ \mathrm{s}\approx0.3\ \mathrm{s}$$

最后求出

$$u(g) = g\sqrt{\left[\frac{u(l)}{l}\right]^2 + \left[2\,\frac{u(t)}{t}\right]^2}$$

$$= 9.800\ 1 \times \sqrt{\left(\frac{0.000\ 6}{1.001\ 6}\right)^2 + \left(2 \times \frac{0.3}{60.23}\right)^2}\ \text{m/s}^2 \approx 0.098\ \text{m/s}^2$$

$$\approx 0.1\ \text{m/s}^2$$

则测量结果为

$$g = (9.8 \pm 0.1)\ \text{m/s}^2$$

实验二 液体表面张力系数的测定

液体的表面张力现象存在于气液分界面,在液体表面层中的分子受到指向液体内部的合力作用,该力使液体表面层中的分子间距变大,分子之间的力为引力,宏观上看来液体表面像一张拉紧的薄膜一样具有向内收缩的趋势,这种沿着液体表面的使液体表面收缩的力称为表面张力。

液体表面张力跟液体的种类有关,一般用表面张力系数 σ 来衡量其大小。σ 表示液体表面上单位长度所受的拉力,单位为 N/m。各种液体的表面张力系数范围很广,其数值随温度的增大而略有降低,如水的表面张力系数在 20 ℃时约为 72.8 mN/m。对于水溶液,如果含有无机盐,那么其表面张力系数比水大;如果含有有机物,那么其表面张力系数比水小。在工业生产和科学研究中,人们经常要利用液体,因此掌握液体表面张力系数的测定方法具有现实意义。

测量液体表面张力系数的方法一般有拉脱法、液滴法及毛细管升高法等。本实验仅介绍拉脱法。本实验仪器采用高精度拉力传感器作为测力模块,采用液面下降的方法使吊环脱离液面,减少因吊环上升抖动带来的误差,测量结果比较精确。

【课前预习】

(1)液体的表面张力现象及其应用。

(2)液体表面张力系数 σ 的定义。

【实验目的】

(1)掌握用拉脱法测量液体表面张力系数的原理和方法。

(2)学习传感器的定标方法。

(3)测量纯水和其他液体的表面张力系数。

(4)测量液体的浓度与表面张力系数的关系(如酒精不同浓度时的表面张力系数)。

【实验仪器】

液体表面张力系数测定仪(图 3.2-1)、砝码盘及砝码。

具体参量如下。

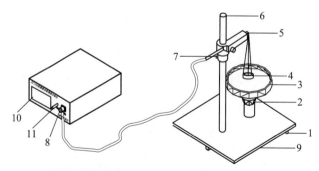

1—调节螺丝;2—升降螺丝;3—玻璃器皿;4—吊环;5—硅压阻力敏传感器;6—支架;

7—固定螺丝;8—航空插头;9—底座;10—数字电压表;11—调零旋钮

图 3.2-1 液体表面张力系数测定仪

（1）硅压阻力敏传感器。

① 受力量程：0~0.098 N。

② 灵敏度：约为 3.00 V/N（用砝码质量作单位定标）。

③ 非线性误差：≤0.2%。

④ 供电电压：直流 5~12 V。

（2）显示仪器。

① 读数显示：200 mV，三位半数字电压表。

② 调零：手动多圈电位器。

③ 连接方式：用 5 芯航空插头连接。

（3）吊环：外径为 3.496 cm、内径为 3.310 cm、高为 0.85 cm。

（4）玻璃器皿：直径为 12.00 cm。

【实验原理】

将一个金属圆环固定在传感器上，将该圆环浸没于液体中，并渐渐拉起圆环，当它从液面拉脱瞬间，传感器受到的拉力为

$$F = \pi(D_1 + D_2)\sigma \qquad (3.2-1)$$

式中 D_1、D_2 分别为圆环外径和内径，σ 为液体表面张力系数，所以液体表面张力系数为

$$\sigma = F / [\pi(D_1 + D_2)] \qquad (3.2-2)$$

在实验中，液体表面张力可以由下式得到：

$$F = (U_1 - U_2)/B \qquad (3.2-3)$$

B 为力敏传感器灵敏度，单位为 V/N。U_1、U_2 分别为吊环拉断液柱前一瞬间数字电压表的读数以及拉断液柱瞬间数字电压表的读数。

【实验内容】

1. 准备工作

（1）开机预热 15 min。

（2）清洗玻璃器皿和吊环。

（3）测定吊环的内、外径。

2. 传感器定标

将砝码盘挂在力敏传感器的钩上，在加砝码前应先对仪器调零，在力敏传感器上分别加 0.5~3.5 g 砝码，每加一个 0.5 g 砝码，测出相应的电压值，将实验结果填入表 3.2-1 内。砝码应轻拿轻放。

表 3.2-1 力敏传感器定标

砝码质量 m/g	0.500	1.000	1.500	2.000	2.500	3.000	3.500
输出电压 U/mV							

经最小二乘法拟合得到传感器灵敏度 B，并计算 B 的不确定度。锦州地区的重力加速度 $g = 9.803 \text{ m/s}^2$。

3. 测量水和其他液体的表面张力系数

在玻璃器皿内放入被测液体并将玻璃器皿安放在升降台上，然后挂上吊环，顺时针

转动升降台螺丝,此时液面上升,当吊环下沿部分均浸入液体中时,逆时针转动该螺丝,此时液面下降,观察吊环浸入液体中及从液体中拉起时的物理过程和现象。记录吊环拉断液柱前一瞬间数字电压表的读数 U_1 和拉断液柱瞬间数字电压表读数 U_2。注意应先测定吊环的内、外径。在测定液体表面张力系数的过程中,可观察到液体产生的浮力与张力的情况及相关现象。

【数据处理】

(1)硅压阻力敏传感器定标。在力敏传感器上分别加各种质量的砝码,测出相应的电压值,填入表 3.2-1,并计算传感器灵敏度。

(2)水和其他液体表面张力系数的测量。用游标卡尺测量吊环的外径 D_1 和内径 D_2,调节升降台,记录吊环拉断液柱前一瞬间数字电压表的读数 U_1 和拉断液柱瞬间数字电压表的读数 U_2,填入表格,计算各种液体的表面张力系数并计算结果的不确定度。表 3.2-2 为纯水在不同温度下的表面张力系数。

表 3.2-2 纯水在不同温度下的表面张力系数

$t/℃$	$\sigma/(10^{-3}\ N \cdot m^{-1})$	$t/℃$	$\sigma/(10^{-3}\ N \cdot m^{-1})$
0	75.64	23	72.28
5	74.92	24	72.13
10	74.22	25	71.97
15	73.49	26	71.82
16	73.34	27	71.66
17	73.19	28	71.50
18	73.05	29	71.35
19	72.90	30	71.18
20	72.75	35	70.38
21	72.59	40	69.56
22	72.44	45	68.74

【注意事项】

(1)吊环须严格处理干净。可用 NaOH 溶液洗净油污或杂质后,用清洁水冲洗干净,并用热吹风机烘干。

(2)吊环水平须调节好。若偏差 1°,则测量结果将引入 0.5% 的误差;若偏差 2°,则测量结果将引入 1.6% 的误差。

(3)仪器开机后需预热 15 min。

(4)在旋转升降台时,应尽量减少液体的波动。

(5)工作室中的风力不宜较大,以免吊环摆动致使零点波动,从而导致所测结果不正确。

（6）若被测液体为纯水，则在使用过程中要注意防止灰尘、油污或其他杂质污染被测液体。应特别注意的是，手指不要接触被测液体。

（7）在使用力敏传感器时，所用的力不宜大于 0.098 N。过大的力容易损坏力敏传感器。

（8）实验结束后，须将吊环用清洁纸擦干，并用清洁纸包好，放入干燥缸内。

【思考与讨论】

（1）拉脱法的物理本质是什么？若考虑液膜的重量，则实验结果应该如何修正？

（2）对比纯水的表面张力系数的理论值，分析测量结果，找出产生误差的可能原因。

实验三 摩擦系数的测定

两个相互接触的物体在沿接触面相对运动时,会产生摩擦力。测量摩擦系数是非常有必要的。

【课前预习】

摩擦系数与哪些因素有关?

【实验目的】

(1) 研究同种材料间的静摩擦力和滑动摩擦力,计算摩擦系数。

(2) 研究不同材料间的静摩擦力和滑动摩擦力,计算摩擦系数。

(3) 研究速度不同时,摩擦系数的变化情况。

(4) 研究压力不同时,摩擦系数的变化情况。

(5) 测量摩擦系数,绘制摩擦力曲线。

【实验仪器】

实验仪测试台、滑动测试台、加重块、数字测力计和控制器等。

【实验原理】

实验仪控制器和测试台的示意图见图 3.3-1 和图 3.3-2。

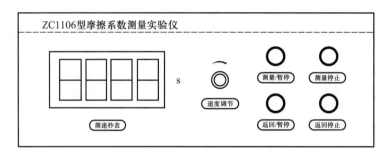

图 3.3-1 实验仪控制器示意图

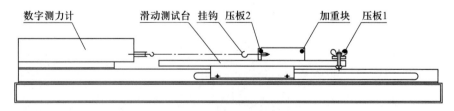

图 3.3-2 实验仪测试台示意图

滑动测试台由非磁性的有机玻璃材料制成,其表面平滑,自身摩擦系数小。底部由高精度线性直线电机驱动,产生一恒定的速度,速度的大小可调节。

测试样品 1 通过压板 1 固定于滑动测试台上;测试样品 2 通过压板 2 固定于加重块上;加重块通过柔性挂线连接数字测力计。当滑动测试台从左向右运动时,两测试样品间产生的摩擦力由数字测力计测量并显示。

控制器用于控制滑动测试台的线性匀速运动。"速度调节"旋钮用于改变运动速度。

当"测量/暂停"按钮按下时,滑动测试台向右运动,用于测试摩擦力,并且计时表开始计时或者累计计时;当该按钮松开时,滑动测试台暂停运动。"测量停止"按钮按下时,滑动测试台不论是否向右运动,均停止运行,并且计时表复位清零;当"返回/暂停"按钮按下时,滑动测试台向左运动,返回测试原点;当该按钮松开时,滑动测试台暂停返回。当"返回停止"按钮按下时,滑动测试台不论是否向左运动,均停止运行。

计时表的作用是,根据开始测试时滑动测试台的位置,以及停止测试时滑动测试台的位置,测量出滑动测试台的运动速度。该功能用于研究速度不同时,摩擦力的变化情况。

【实验内容】

(1)测量前应检查仪器的状况,并正确可靠地连接线路,检查滑动测试台能否正常来回滑动和停止。

(2)准备测试样品。实验仪的结构适合于测量 0.5 mm 以下的柔性材料以及 3 mm 以下的薄片状硬质材料。被测材料应平整,并保持清洁。测量时需准备两块测试样品,它们可以是同种材质,也可以是不同的材质。测试样品 1 的长度应大于 200 mm,宽度应大于 100 mm;测试样品 2 的尺寸与加重块底面的尺寸相同,约为 63 mm×63 mm。

(3)测试样品 1 的固定。测试样品 1 的一侧通过压板 1 固定于滑动测试台上,要求平整、牢固。不得使用胶粘的方式固定测试样品 1,以避免因清理不当而导致滑动测试台不平整,影响测量效果。

(4)测试样品 2 的固定。对于硬质材料,可通过加重块两侧的辅助压板压紧,所以测试样品 2 的宽度应稍大于加重块底面的宽度,以能夹紧为合适。对于柔性材料,测试样品 2 通过压板 2 压紧后转折 90°,平整置于加重块底部。

(5)放置加重块。加重块应放置于滑动测试台的右侧,并靠近压板 1 位置。加重块的中心线应和压板 1 的中心线基本对准,并和数字测力计的挂钩基本成一条直线。在需要增加额外的法向压力时,可以将砝码放置于加重块之上。

(6)将滑动测试台移动至左侧起始位置。断电时可以用手移动滑动测试台,通电时用"返回/暂停"按钮移动滑动测试台。

(7)速度调节与测量。在进行摩擦力测量时,我们需要知道被测样品的速度。在手动测量时,要选择低速运行,以便记录不同位置的数字测力计读数。使用计算机测量时,计算机可自动记录测量数据。通过控制器的"速度调节"旋钮可调节滑动测试台的运动速度。在选定某个速度后,我们可以通过计时表进行测量。记录滑动测试台的起始位置,然后按住"测量/暂停"按钮不放,滑动测试台向右运动,计时表开始计时;运行至某个位置时,松开"测量/暂停"按钮,滑动测试台停止运动,计时表停止计时。根据位移量和时间,可以计算得到滑动测试台的速度。测量完成后,按"测量停止"按钮,清除计时数据。按住"返回/暂停"按钮,滑动测试台向左运动,至合适的位置后,松开"返回/暂停"按钮,即可准备后续测量。

(8)摩擦力测量。根据连线长度调整加重块的位置,在数字测力计和加重块的挂钩上挂好连线,并保持连线处于非拉紧状态。按住"测量/暂停"按钮不放,数字测力计便有读数显示。手动测量时,可以选择不同的位置,读取多个数据并记录。自动测量时,需事先连接好 USB 数据线,安装好计算机软件,按软件说明使用,便可测得一系列数据,并显示曲线图形。

（9）法向压力不同时的摩擦力测量。通过改变施加在加重块上的砝码质量,测量在同一速度下,摩擦力和法向压力之间的关系。

（10）速度不同时的摩擦力测量。根据不同的测试材料,选择合适的砝码放在加重块上。在相同的法向压力下,调节不同的速度并进行测量,得到速度不同时的摩擦力变化情况。

（11）换用不同的测试材料,测量并研究相同或不同材料之间的摩擦力。

【数据处理】

（1）研究同种材料和不同种材料间的静摩擦力和滑动摩擦力,计算摩擦系数。

（2）研究速度不同时,摩擦系数的变化情况。

（3）研究压力不同时,摩擦系数的变化情况。

【注意事项】

（1）仪器的两根专用连接线一定要可靠连接。插拔连接线时要对准插槽,不要拽拉连接线。

（2）滑动测试台是活动部件,除非正常使用,不可使其受外力冲击。不可在滑动测试台运动范围内放置其他物件,以免发生意外。

（3）被测样品要夹紧,表面要清洁、平整。

（4）数字测力计是精密仪器,不可超量程使用。

实验四　用三线摆测量物体的转动惯量

转动惯量是刚体转动惯性大小的量度,是表征刚体特性的一个物理量。转动惯量除与刚体质量有关外,还与转轴的位置和质量分布(即形状、大小和密度)有关。如果刚体形状简单且质量分布均匀,那么可直接计算出它绕特定轴的转动惯量。但在工程实践中,我们常碰到大量形状复杂且质量分布不均匀的物体,理论计算将极为复杂,因此通常采用实验方法来测量转动惯量。

对于转动惯量的测量,一般的方法是使刚体以一定的形式运动,通过表征这种运动特征的物理量与转动惯量之间的关系,进行转换测量。测量刚体转动惯量的方法有多种,三线摆法是一种具有较好物理思想的实验方法,它具有设备简单、直观、测试方便等优点。

【课前预习】

（1）转动惯量的物理意义是什么?

（2）转动惯量与物体的哪些物理性质有关?

【实验目的】

（1）学会用三线摆测量物体的转动惯量。

（2）学会用累积放大法测量周期运动的周期。

（3）验证转动惯量的平行轴定理。

【实验仪器】

三线摆测试架、电子计时装置、水准仪、米尺、游标卡尺、圆环和小圆柱等。

在进行测量前,应连接好光电门和计时器,注意插座是有方向的。

（1）打开电源,计时显示器点亮,程序显示"HZZS"。

（2）调整好光电门的位置,应使摆盘转动时,挡光杆位于光电门开口位置的中间,并能切割到光电信号,这时信号灯会闪烁,否则可能是位置没调整好,或者环境光过于强烈,如阳光直射。

（3）仪器设置的次数是单次切割光电信号的次数,一个周期切割两次光电信号。因此,假如要测量 25 个周期,那么应该设置 50 次。设置时,先按"置数"键进入置数状态,后按上调(或下调)键改变次数,再按"置数"键确认次数,然后按"执行"键开始计时。如果光电信号被正常切割,那么信号灯就会相应地闪烁,此即计时状态。当挡光杆经过光电门的次数达到设定值时,显示器将显示具体时间,单位为"秒"。

（4）计时器的量程为 0～99.999 9 s 时,分辨率是 0.000 1 s;计时器的量程为 0～999.999 s 时,分辨率是 0.001 s。

（5）如需再执行 50 次,无须重设置,只要再次按"置数"键,然后按"执行"键,即可进行第二组数据的测量。当断电再开机时,须重复上述所有设置步骤。

需要说明的是,为了防止可能产生的漏计数(如光电门位置处于挡光和不挡光的临界状态,或者环境光的强度干扰了光电门,则可能会产生漏计数),我们可以在计数器计数的时候,自己数摆动次数来核实是否有漏计数。

【实验原理】

图 3.4-1 是三线摆实验装置示意图。上、下圆盘均处于水平,悬挂在横梁上。三根对称分布的等长悬线将两圆盘相连。上盘固定,下盘可绕中心轴 OO' 作扭摆运动。当下盘转动角度很小且忽略空气阻力时,扭摆运动可近似看成简谐运动。根据能量守恒定律和刚体转动定律可以导出下盘绕中心轴 OO' 的转动惯量:

$$I_0 = \frac{m_0 g R r}{4\pi^2 H_0} T_0^2 \qquad (3.4-1)$$

式中各物理量的意义如下:m_0 为下盘的质量;r、R 分别为上、下悬点到各自圆盘中心的距离;H_0 为平衡时上、下盘间的竖直距离;T_0 为下盘作简谐运动的周期,g 为重力加速度(不同地区略有差别,计算时可用理论值 $g = 9.8 \text{ m/s}^2$)。

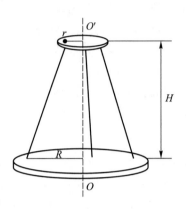

图 3.4-1 三线摆实验装置示意图

将质量为 m 的待测物体放在下盘上,并使待测物体的转轴与 OO' 轴重合。测出此时扭摆运动周期 T_1 和上、下圆盘间的竖直距离 H。同理可求得待测物体和下盘对中心轴 OO' 的总转动惯量为

$$I_1 = \frac{(m_0 + m) g R r}{4\pi^2 H} T_1^2 \qquad (3.4-2)$$

如不计因重量变化而引起的悬线伸长,则有 $H \approx H_0$。那么待测物体绕中心轴 OO' 的转动惯量为

$$I = I_1 - I_0 = \frac{gRr}{4\pi^2 H} \left[(m + m_0) T_1^2 - m_0 T_0^2 \right] \qquad (3.4-3)$$

因此,通过长度、质量和时间的测量,便可求出物体绕某轴的转动惯量。

用三线摆法还可以验证平行轴定理。若质量为 m 的物体绕通过其质心轴的转动惯量为 I_c,则当转轴平行移动距离 x 时,如图 3.4-2 所示,此物体对新轴 OO' 的转动惯量为 $I_{OO'} = I_c + mx^2$。这一结论称为转动惯量的平行轴定理。

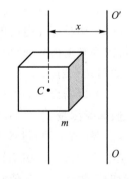

图 3.4-2 平行轴定理

实验时将质量均为 m',形状和质量分布完全相同的两个小圆柱体对称地放置在下盘上(下盘有对称的两个小孔)。按同样的方法,测出两个小圆柱体和下盘绕中心轴 OO' 的扭摆运动周期 T_x,便可求出每个小圆柱体对中心轴 OO' 的转动惯量:

$$I_x = \frac{(m_0 + 2m') g R r}{4\pi^2 H} T_x^2 - I_0 \qquad (3.4-4)$$

如果测出小圆柱体中心与下圆盘中心之间的距离 x 以及小圆柱体的半径 R_x,则由平行轴定理可求得

$$I'_x = m' x^2 + \frac{1}{2} m' R_x^2 \qquad (3.4-5)$$

比较 I_x 与 I_x' 的大小,可验证平行轴定理。

【实验内容】

（1）用三线摆测量圆环对通过其质心且垂直于环面轴的转动惯量。

（2）用三线摆验证平行轴定理。实验步骤要点如下。

① 调整悬挂摆线的上圆盘的水平:将水准仪置于上圆盘不同位置,调节测试架底板上的三个螺钉,使水准仪的水泡居中。

② 调整下圆盘水平:将水准仪置于下圆盘中间位置,调整上圆盘上的三个带锁紧功能的旋钮,改变三悬线的长度,直至下圆盘上水准仪的水泡居中。

③ 测量空盘绕中心轴 OO' 转动的运动周期 T_0:轻轻转动上圆盘,使之带动下圆盘转动。注意转动上圆盘时动作要轻,动作过大可能会导致下圆盘晃动过大,撞坏挡光杆和光电门,而且可能会导致上圆盘的随动,造成测量数据失准。注意扭摆的转角应控制在 $5°$ 以内。

④ 用累积放大法测出扭摆运动的周期。（用计时器测量 20 个周期以上的时间,然后求出其运动周期。为什么不直接测量一个周期?）

⑤ 测出待测圆环与下盘共同转动的周期 T_1:将待测圆环置于下盘上,注意使两者中心重合,按同样的方法测出它们一起运动的周期 T_1。

⑥ 测出两个小圆柱体（对称放置）与下盘共同转动的周期 T_x。

⑦ 测出上、下圆盘三悬点之间的距离 a 和 b,然后算出悬点到中心的距离 r 和 R（等边三角形外接圆半径）。

⑧ 其他物理量的测量:用米尺测出两圆盘之间的竖直距离 H_0 和放置两小圆柱体小孔间距 $2x$;用游标卡尺测出待测圆环的内、外直径 $2R_1$、$2R_2$ 和小圆柱体的直径 $2R_x$。

⑨ 记录各物体的质量（已标注于各物体上）。

【数据处理】

（1）算出用累积放大法测量的周期。

（2）写出待测圆环转动惯量的测量结果,并与理论计算值比较,求相对误差并进行讨论。已知理想圆环绕中心轴转动惯量的计算公式为 $I_{理论} = \dfrac{m}{2}(R_1^2 + R_2^2)$。

（3）求出小圆柱体绕自身轴的转动惯量,并与理论值（$I_{理} = \dfrac{m'}{2}R_x^2$）比较,验证平行轴定理。

【注意事项】

（1）用三线摆测物体转动惯量时应注意保持上、下盘水平。

（2）在测量周期过程中,应避免下盘出现晃动。

（3）在测量圆环的转动惯量时,圆环的转轴应与下盘的转轴重合。

【思考与讨论】

（1）用三线摆测物体转动惯量时,为什么必须保持上、下盘水平?

（2）在测量过程中,如下盘出现晃动,那么对周期的测量有影响吗? 如有影响,应如何避免之?

（3）在三线摆下盘上放上待测物后,其摆动周期是否一定比空盘时的摆动周期大? 为什么?

（4）在测量圆环的转动惯量时,若圆环的转轴与下盘转轴不重合,则对实验结果有何影响?

（5）如何利用三线摆测量任意形状的物体绕某轴的转动惯量?

（6）三线摆在摆动中受空气阻尼作用,摆幅越来越小,问它的周期是否会变化? 空气阻尼对测量结果影响大吗? 为什么?

实验五 弦线驻波与振动研究

利用弦线产生驻波,不仅直观,而且便于理论计算。本实验采用特制的钢质弦线,当弦线振动时,就像拨动琴弦,我们可听到优美的声音,同时振动的弦线切割电磁线圈的磁场,可以感应出振动的电信号。利用示波器观察,我们可方便地研究振动与声音的关系,观察非线性振动现象。

【课前预习】

（1）驻波的产生条件。

（2）驻波的特点,驻波方程。

【实验目的】

（1）了解弦线振动的特点和驻波形成的条件。

（2）测量不同长度弦线的共振频率。

（3）测量弦线的线密度。

（4）测量弦线驻波的传播速度。

（5）聆听不同频率的驻波产生的声音。

【实验仪器】

ZC1108 型弦振动研究实验仪,双踪示波器。

【实验原理】

实验仪由测试架和信号源组成,如图 3.5-1 所示。利用驱动器 3 产生波源,张紧的弦线 4 在驱动器 3 产生的交变磁场中受力。移动劈尖 6 可改变弦长或改变驱动频率,当弦长是驻波半波长的整数倍时,弦线上便会形成驻波。

经过仔细调节,弦线上可形成明显的驻波。此时驱动器 3 所在处对应的弦为振源,振动向两边传播,在劈尖 6 处反射后又沿各自相反的方向传播,最终形成稳定的驻波。当驻波形成时,弦线上形成稳定的波节和波腹,如图 3.5-2 所示。

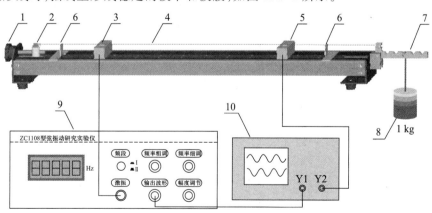

1—调节螺杆;2—圆柱螺母;3—驱动器;4—弦线;5—接收传感器;
6—劈尖(支撑板);7—张力杆;8—砝码;9—信号源;10—示波器

图 3.5-1　ZC1108 型弦振动研究实验仪

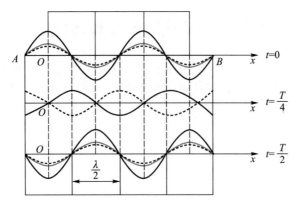

图 3.5-2　驻波波形图

设图中的两列波是沿 x 轴相向传播的振幅相等、频率相同、振动方向一致的简谐波。向右传播的波用细实线表示,向左传播的波用细虚线表示,当传至弦线上相应点且相位差恒定时,它们合成的驻波用粗实线表示。由图 3.5-2 可见,两个波腹或波节间的距离都等于半个波长,这可从波动方程推导出来。

下面用简谐波表达式对驻波进行定量描述。设沿 x 轴正方向传播的波为入射波,沿 x 轴负方向传播的波为反射波,取它们振动相位始终相同的点作坐标原点,且在 $x=0$ 处,振动质点向上达最大位移时开始计时,则它们的波动方程分别为

$$y_1 = A\cos 2\pi(ft - x/\lambda) \tag{3.5-1}$$
$$y_2 = A\cos 2\pi(ft + x/\lambda) \tag{3.5-2}$$

式中 A 为简谐波的振幅,f 为频率,λ 为波长,x 为弦线上质点的坐标。两波叠加后的合成波为驻波,其方程为

$$y_1 + y_2 = 2A\cos(2\pi x/\lambda)\cos 2\pi ft \tag{3.5-3}$$

由此可见,入射波与反射波合成后,弦上各点都在以同一频率作简谐振动,它们的振幅为 $|2A\cos(2\pi x/\lambda)|$,只与质点的坐标 x 有关,与时间无关。根据波节处振幅为零,即 $|\cos(2\pi x/\lambda)| = 0$,有 $2\pi x/\lambda = (2k+1)\pi/2$($k=0,1,2,3,\cdots$),可得波节的位置为

$$x = (2k+1)\lambda/4 \tag{3.5-4}$$

同理,波腹处振幅最大,即 $|\cos(2\pi x/\lambda)| = 1$,有 $2\pi x/\lambda = k\pi$($k=0,1,2,3,\cdots$),可得波腹的位置为

$$x = k\lambda/2 = 2k\lambda/4 \tag{3.5-5}$$

而相邻两波节(或波腹)之间的距离为

$$x_{k+1} - x_k = \lambda/2 \tag{3.5-6}$$

因此,在驻波实验中,只要测得相邻两波节(或波腹)间的距离,就能确定该波的波长。

在本实验中,由于弦的两端是固定的,故两端点为波节,当弦长 L 等于半波长的整数倍时,才能形成驻波,其数学表达式为

$$L = n\lambda/2 \quad (n=0,1,2,3,\cdots) \tag{3.5-7}$$

由此可得沿弦线传播的横波的波长为

$$\lambda = 2L/n \tag{3.5-8}$$

86

式中 n 为弦线上驻波的段数,即半波数,L 为弦长。

根据波动理论,弦线上横波的传播速度为 $u=(F_T/\rho)^{1/2}$,即 $F_T=\rho u^2$,式中 F_T 为弦线上的张力,ρ 为弦线单位长度的质量,即线密度。

根据波速、频率与波长的普遍关系式 $u=f\lambda$ 和(3.5-8)式,可得横波的波速:

$$u=2Lf/n \tag{3.5-9}$$

如果已知张力 F_T 和频率 f,则由上式可得线密度:

$$\rho=F_T(n/2Lf)^2 \tag{3.5-10}$$

如果已知线密度 ρ 和频率 f,则由上式可得张力:

$$F_T=\rho(2Lf/n)^2 \tag{3.5-11}$$

如果已知线密度 ρ 和张力 F_T,则由上式可得频率:

$$f=\sqrt{\frac{F_T}{\rho}}\frac{n}{2L} \tag{3.5-12}$$

以上的分析是根据经典物理学得到的,实际的弦振动的情况是复杂的。我们在实验中可以看到,接收波形有时候并不是正弦波,或者带有变形,或者振动不规律,或者振动不稳定,这些是由弦线的非线性振动引起的,例如驱动器不处于波腹位置,振动幅度过大,弦线受其他外力作用等。

常见的音阶由 7 个基本音级组成,唱名为 do、re、mi、fa、so、la、xi,音名为 C、D、E、F、G、A、B。每个基本音级构成一个曲调,比如 C 调。许多乐器依靠驻波产生声音。在管风琴内振动的空气中,在小提琴或吉他的弦上,在喇叭或长笛的气柱中都会产生驻波。为了改变乐器的曲调,乐器中的驻波必须改变。通过改变管乐器的长度,或者改变弦乐器的弦的长度或张力,会产生不同频率的驻波,形成不同的曲调。

振动的强弱体现为声音的大小,不同物体振动发出的声音的音色是不同的,而振动频率则体现音调的高低。在 C 调发音 do 时,频率 $f=261.6$ Hz。乐器中最富有表现力的频率范围为 $60\sim1\,000$ Hz。表 3.5-1 列出了音名和频率对应关系。

表 3.5-1　音名和频率对应关系

音名	C	D	E	F	G	A	B
唱名	do	re	mi	fa	so	la	xi
频率/Hz	261.6	293.7	329.6	349.2	392.0	440.0	493.9

【实验内容】

1. 实验前准备

(1)选择一条平直的弦,将弦带有铜圆柱的一端固定在张力杆的 U 形槽中,把带孔的一端套到调节螺杆上的圆柱螺母上。

(2)把两块劈尖形状的支撑板放在弦下相距 L 的两点上,注意窄的一端朝标尺,放置好驱动器和接收传感器,按图 3.5-1 连接好导线。

(3)将质量可选的砝码挂到张力杆上,然后旋动调节螺杆,使张力杆水平,如图 3.5-3 所示。利用杠杆原理,通过在不同位置悬挂质量已知的砝码,可以获得成比例的、大小已知的张力,该比例是由杠杆的尺寸决定的。如图 3.5-3(a)所示,质量为 m 的砝码挂在张力杆的挂钩槽 3 处,则弦的张力大小正比于 $3m$;如图 3.5-3(b)所示,质量为 m 的砝码挂在张力杆的挂钩槽 4 处,则弦的张力大小正比于 $4m$。注意:由于张力大小不同,弦线的伸长量也不同,故需重新调节张力杆的水平。

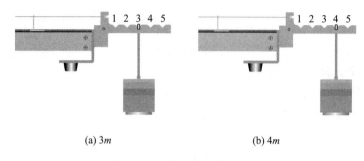

(a) $3m$ (b) $4m$

图 3.5-3 张力大小的示意图

2. 实验内容

（1）张力、线密度和弦长一定,改变驱动频率,观察驻波现象和驻波波形,测量共振频率。

① 放置两个劈尖至合适的间距,例如 60 cm,装上一条弦。在张力杆上挂上一定质量的砝码(注意,总质量还应加上挂钩的质量),旋动调节螺杆,使张力杆处于水平状态,把驱动器放在离劈尖 5~10 cm 处,把接收传感器放在弦的中心位置。提示:为了避免接收传感器和驱动器之间的电磁干扰,在实验过程中要保证两者之间的距离不小于 10 cm。

② 将驱动信号的频率调至最小,适当调节信号幅度,同时调节示波器的通道增益为 10 mV/div。

③ 慢慢升高驱动信号的频率,观察示波器接收到的波形的改变。注意:频率调节过程不能太快,因为弦线形成驻波需要一定的能量积累时间,若太快则来不及形成驻波。如果不能观察到波形,则应调大信号源的输出幅度;如果弦线的振幅太大,造成弦线敲击传感器,则应减小信号源的输出幅度。适当调节示波器的通道增益,以观察到大小合适的波形。一般在有一个波腹时,信号源输出幅度为 2~3 V(电压峰-峰值),即可观察到明显的驻波波形,此时观察弦线,应当有明显的振幅。当弦的振动幅度最大时,示波器接收到的波形振幅最大(可调节示波器的通道增益以实现最佳波形效果),这时的频率就是共振频率。

④ 记下这个共振频率以及线密度、弦长、张力、波腹和波节的位置与个数等参量。如果弦线上只有一个波腹,那么这时的共振频率最低,波节就在弦线的两个固定端(两个劈尖)处。

⑤ 增加驱动信号的频率,连续找出几个(3~5 个)共振频率并作好记录。注意:如果接收线圈位于波节处,则示波器无法测量到波形,所以此时应适当移动驱动器和接收传感器的位置,以观察到最大的波形幅度。当驻波的频率较高,弦线上形成几个波腹、波节时,弦线的振幅会较小,眼睛不易观察到。这时把接收传感器移向右边劈尖,再逐步向左移动,同时观察示波器(注意波形是如何变化的),找出波腹和波节并记下它们的个数及每个波腹和波节的位置。

（2）张力和线密度一定,改变弦长,测量共振频率。

① 选择一根弦线并使张力大小合适,放置两个劈尖至一定的间距,例如 60 cm,调节驱动频率,使弦线产生稳定的驻波。

② 记录相关的线密度、弦长、张力、波腹数等参量。

③ 移动劈尖至不同的位置以改变弦长,调节驱动频率,使弦线产生稳定的驻波。记录相关的参量。

（3）弦长和线密度一定,改变张力,测量共振频率和横波在弦上的传播速度。

① 放置两个劈尖至合适的间距,例如 60 cm,选择一定的张力,改变驱动频率,使弦线产生稳定的驻波。

② 记录相关的线密度、弦长、张力等参量。

③ 改变砝码的质量和挂钩的位置,调节驱动频率,使弦线产生稳定的驻波。记录相关的参量。

（4）张力和弦长一定,改变线密度,测量共振频率和弦线的线密度。

① 放置两个劈尖至合适的间距,选择一定的张力,调节驱动频率,使弦线产生稳定的驻波。

② 记录相关的弦长、张力等参量。

③ 换用不同的弦线,改变驱动频率,使弦线产生同样波腹数的稳定驻波。记录相关的参量。

（5）聆听音阶高低并研究声音与频率的关系。

① 对照表 3.5-1,选定一个频率,选择合适的张力,通过移动劈尖的位置,改变弦长,在弦线上形成驻波,聆听声音的音调和音色。

② 依次选择其他频率,聆听声音的变化。

③ 换用不同的弦线,重复以上步骤。

（6）用示波器观察弦线的驻波的个数。

① 设定张力、线密度、弦长和驱动频率,张力不要过大,频率不宜过高（200~500 Hz）,在示波器上观察驻波波形。

② 移动接收传感器的位置,注意驻波波形有无变化,并记录波形最小的位置,它代表了波节的位置,测出有几个波节后,便可知道驻波的个数。

【数据处理】

（1）张力和弦长一定,测量弦线的共振频率和横波的传播速度。根据利用公式（3.5-12）求得的共振频率,与实验得到的共振频率进行比较,分析这两者存在差异的原因。

（2）张力和线密度一定,改变弦长,测量弦线的共振频率和横波的传播速度,作弦长与共振频率的关系图。

（3）弦长和线密度一定,改变张力,测量弦线的共振频率和横波的传播速度,作张力与共振频率的关系图。根据 $u = \sqrt{\dfrac{F_T}{\rho}}$ 算出波速,将这一波速与 $u = f\lambda = 2Lf/n$（f 是共振频率,λ 是波长）进行比较,分析这两者存在差别的原因。作张力与波速的关系图。

（4）弦长和张力一定,改变线密度,测量弦线的共振频率和线密度。已知弦线的静态线密度（由天平称出的弦线单位长度的质量）为:弦线 1（$\phi = 0.35$ mm）:0.755 g/m;弦

89

线 2($\phi = 0.4$ mm):0.972 g/m;弦线 3($\phi = 0.5$ mm):1.605 g/m。比较测量所得的线密度与上述静态线密度有无差别,试说明原因。

【注意事项】

(1)仪器应放置于水平桌面上,张力杆挂钩应置于实验桌外侧。

(2)取放和悬挂砝码时动作要轻,小心砝码掉落,以免使弦线崩断而发生事故。

【思考与讨论】

(1)弦线的共振频率和波速与哪些条件有关?试通过实验进行说明。

(2)换用不同弦线后,共振频率有何变化?存在什么关系?

(3)如果弦线有弯曲或者不是均匀的,那么这会对共振频率和驻波有何影响?

(4)在驻波频率相同时,不同的弦线产生的声音是否相同?

(5)试用本实验的内容阐述吉他的工作原理。

实验六 杨氏模量的测定

弹性模量是描述固体材料抵抗形变能力的物理量。当一根长度为 L、截面积为 S 的金属丝在力 F 作用下伸长 ΔL 时,F/S 叫应力,其物理意义是金属丝单位截面积所受到的力;$\Delta L/L$ 叫应变,其物理意义是金属丝单位长度所对应的伸长量。应力与应变的比叫弹性模量。杨氏模量是弹性模量中最常见的一种,它是表征材料性质的一个物理量,仅取决于材料本身的物理性质。杨氏模量标志了材料的刚性,杨氏模量越大,材料越不容易发生形变。

杨氏模量是选定机械零件材料的依据之一,是工程技术设计中常用的参量。杨氏模量的测定对研究金属、光纤、半导体、纳米材料、聚合物、陶瓷、橡胶等各种材料的力学性质有着重要意义,还可用于机械零部件设计、生物力学、地质等领域。

测量杨氏模量的方法一般有拉伸法、梁弯曲法、振动法、内耗法等,本实验采用梁弯曲法。梁弯曲法测金属杨氏模量的特点是待测金属薄板只须受较小的力 F,便可产生较大的形变 Δz,同时实验采用霍耳位置传感器测量微小位移,测量结果准确度高。通过霍耳位置传感器的输出电压与位移量线性关系的定标和微小位移量的测量,联系科研和生产实际,使学生了解和掌握微小位移的非电量电测方法。

【课前预习】

(1) 掌握杨氏模量的定义和物理意义。

(2) 了解杨氏模量在生产和生活中的应用。

【实验目的】

(1) 熟悉霍耳位置传感器的特性。

(2) 学会对霍耳位置传感器定标。

(3) 学会用霍耳位置传感器测量铸铁的杨氏模量。

【实验仪器】

(1) 霍耳位置传感器测杨氏模量装置一台(底座固定箱、读数显微镜、95 型集成霍耳位置传感器、磁铁两块等)。

(2) 霍耳位置传感器输出信号测量仪一台(包括直流数字电压表)。

(3) 直尺、游标卡尺、千分尺。

(4) 技术指标。

① 读数显微镜。

放大倍数:20。

分度值:0.01 mm。

测量范围:0~6 mm。

② 砝码:10.0 g,20.0 g。

③ 三位半数字电压表:0~200 mV。

【实验原理】

1. 霍耳位置传感器

将霍耳元件置于磁感应强度为 **B** 的磁场中,在垂直于磁场方向通以电流 I,则在与这二者均垂直的方向上将产生霍尔电势差：

$$U_H = KIB \qquad\qquad (3.6-1)$$

式中 K 为霍耳元件的灵敏度。如果保持霍耳元件的电流 I 不变，而使其在一个梯度均匀的磁场中移动，则霍耳电势差的变化量为

$$\Delta U_H = KI \frac{\mathrm{d}B}{\mathrm{d}z} \Delta z \qquad\qquad (3.6-2)$$

式中 Δz 为位移量，此式说明，若 $\dfrac{\mathrm{d}B}{\mathrm{d}z}$ 为常量，则 ΔU_H 与 Δz 成正比。为实现磁场梯度均匀，可以如图 3.6-1 所示，将两块相同的磁铁（磁铁截面积及表面磁感应强度相同）相对放置，即 N 极与 N 极相对，两磁铁之间留一间隙，霍耳元件平行于磁铁放在该间隙的中轴上。间隙大小要根据测量范围和测量灵敏度要求而定，间隙越小，磁场梯度就越大，灵敏度就越高。磁铁截面积要远大于霍耳元件，以尽可能减小边缘效应的影响，提高测量精确度。

若磁铁间隙内中心截面处的磁感应强度为零，则霍耳元件位于该处时，霍耳电势差应该为零。当霍耳元件偏离中心沿 z 轴产生位移时，由于磁感应强度不再为零，所以霍耳元件也就产生相应的电势差输出，其大小可以用数字电压表测量。因此，可以将霍耳电势差为零时元件所处的位置作为位移零点。霍耳电势差与位移量之间存在一一对应关系，当位移量较小时（<2 mm），这一对应关系具有良好的线性。

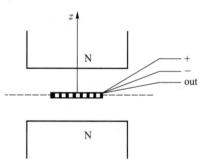

图 3.6-1　霍耳位置传感器原理图

2. 杨氏模量

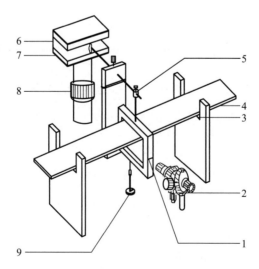

1—铜刀口上的基线；2—读数显微镜；3—刀口；4—横梁；5—铜杠杆（顶端装有 95 型集成霍耳位置传感器）；

6—磁铁盒；7—磁铁（N 极相对放置）；8—调节架；9—砝码

图 3.6-2　杨氏模量测定仪

杨氏模量测定仪如图 3.6-2 所示,在横梁弯曲的情况下,杨氏模量 E 可以用下式表示:

$$E = \frac{d^3 mg}{4a^3 b \Delta z} \qquad (3.6-3)$$

其中,d 为两刀口之间的距离,m 为所加砝码的质量,a 为横梁的厚度,b 为横梁的宽度,Δz 为横梁中心由于外力作用而下降的距离,g 为重力加速度。

式(3.6-3)的具体推导见思考与讨论。

【实验内容】

1. 调节仪器

(1) 将横梁穿在刀口内,安放在两立柱刀口的正中央位置,挂砝码的刀口处于横梁中间。接着装上铜杠杆,将有传感器一端插入两立柱刀口中间,将铜杠杆中间的刀口放在刀座上。圆柱形拖尖应在挂砝码的刀口的小圆洞内,若传感器不在磁铁中间,则可以松弛固定螺丝使磁铁上下移动,或者旋动调节架上的套筒螺母使磁铁上下微动,再固定之。然后用水平仪观察磁铁是否在水平位置上,可用底座螺杆调节,也应注意铜杠杆上霍耳位置传感器是否在水平位置上(圆柱体上有固定螺丝)。

(2) 调节读数显微镜目镜,直到镜内的十字线和数字清晰,然后移动读数显微镜使通过其能够清楚看到铜刀口上的基线,再转动读数旋钮使该基线与读数显微镜内的十字线重合。

(3) 将数字电压表读数调为零。

2. 霍耳位置传感器的定标

在进行测量之前,要按上述要求调好仪器,并且检查铜杠杆的水平、刀口的竖直。挂砝码的刀口应处于横梁中间。要尽量避免风的影响,将铜杠杆安放在磁铁的中间,注意不要与金属外壳接触,在一切正常后再加砝码,使横梁弯曲并产生位移 Δz;精确测量传感器信号输出端的数值与固定砝码架的位置 z 的关系,也就是用读数显微镜对传感器进行定标。

3. 测量铸铁的杨氏模量

用直尺测量横梁的长度 d,用游标卡尺测其宽度 b,用千分尺测其厚度 a。利用已经标定的数值,测出铸铁样品横梁中点在重物作用下的位移量,用逐差法处理数据,算出样品在 $m = 60.00$ g 的作用下产生的位移量 Δz,进而计算出铸铁的杨氏模量及不确定度。

【数据处理】

1. 霍耳位置传感器的定标

将测量数据记入表 3.6-1 中。

表 3.6-1 霍耳位置传感器静态特性测量

m/g	0.00	20.00	40.00	60.00	80.00	100.00
z/mm	0.00					
U/mV	0.00					

2. 杨氏模量的测量

$d =$ _____ cm,$b =$ _____ cm,$a =$ _____ mm。

将测量数据记入表 3.6-2 中。

表 3.6-2　铸铁样品的位移测量

m/g	0.00	20.00	40.00	60.00	80.00	100.00
z/mm	0.00					

用逐差法算出样品在 $m = 60.00\ \text{g}$ 的作用下产生的位移量 Δz。

$$K = \frac{\Delta U}{\Delta z} = \underline{\qquad\qquad} \ \text{mV/mm}。$$

$$\Delta z_{\text{铁}} = \frac{U}{K} = \underline{\qquad\qquad} \ \text{mm}。$$

$$E_{\text{铁}} = \frac{d^3 mg}{4a^3 b \Delta z_{\text{铁}}} = \underline{\qquad\qquad}。$$

【注意事项】

（1）横梁的厚度必须测准确。在用千分尺测量横梁厚度 a 时，当千分尺将要与金属接触时，必须用微调轮旋转千分尺。当听到"嗒、嗒、嗒"三声时，停止旋转。有个别学生实验误差较大，其原因是千分尺使用不当，将横梁厚度测得偏小。

（2）读数显微镜的十字线对准铜挂件（有刀口）的标志刻度线时，要注意区别是横梁的边沿，还是标志线。

（3）霍耳位置传感器定标前，应先将其调整到零输出位置，这时可调节磁铁盒下的升降杆上的旋钮，以达到零输出的目的。另外，应使霍耳位置传感器的探头处于两块磁铁的正中间稍偏下的位置，这样会使测量数据更可靠一些。

（4）加砝码时，应该轻拿轻放，尽量减小砝码架的晃动，这样可以使电压在较短的时间内达到稳定值，省实验时间。

（5）在实验开始前，必须检查横梁是否有弯曲，如有，则应矫正。

【思考与讨论】

（1）用逐差法处理数据有何优点？

（2）霍耳位置传感器的工作原理。

（3）杨氏模量的推导如下。在横梁发生微小弯曲时，梁中存在一个中性面，面上部分发生压缩，面下部分发生拉伸，如图 3.6-3 所示，虚线表示弯曲梁的中性面，取弯曲梁长为 dx 的一小段，设其曲率半径为 $R(x)$，所对应的张角为 $d\theta$。再取中性面上部 y 处厚度为 dy 的一层面为研究对象，横梁弯曲后其长变为 $[R(x) - y]d\theta$，因此，梁长变化量为

$$[R(x) - y]d\theta - dx$$

又

$$d\theta = \frac{dx}{R(x)}$$

所以

$$[R(x) - y]d\theta - dx = [R(x) - y]\frac{dx}{R(x)} - dx = -\frac{y}{R(x)}dx$$

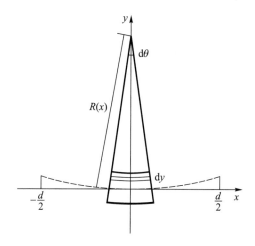

图 3.6-3　横梁的微小弯曲

因此,应变为

$$\varepsilon = -\frac{y}{R(x)}$$

根据胡克定律,有

$$\frac{\mathrm{d}F}{\mathrm{d}S} = -E\frac{y}{R(x)}$$

又

$$\mathrm{d}S = b\mathrm{d}y$$

所以

$$\mathrm{d}F(x) = -\frac{Eby}{R(x)}\mathrm{d}y$$

对中性面的转矩为

$$\mathrm{d}\mu(x) = |\mathrm{d}F|y = \frac{Eb}{R(x)}y^2\mathrm{d}y$$

积分得

$$\mu(x) = \int_{-\frac{a}{2}}^{\frac{a}{2}} \frac{Eb}{R(x)}y^2\mathrm{d}y = \frac{Eba^3}{12R(x)} \qquad (3.6-4)$$

对横梁上各点,有

$$\frac{1}{R(x)} = \frac{y''(x)}{\left[1+y'(x)^2\right]^{\frac{3}{2}}}$$

因梁的弯曲微小,故

$$y'(x) = 0$$

因此有

$$R(x) = \frac{1}{y''(x)} \qquad (3.6-5)$$

横梁平衡时,其在 x 处的转矩应与其右端支持力 $\frac{mg}{2}$ 对 x 处的力矩平衡,因此有

$$\mu(x) = \frac{mg}{2}\left(\frac{d}{2} - x\right) \qquad (3.6\text{-}6)$$

根据(3.6-4)式、(3.6-5)式、(3.6-6)式可以得到

$$y''(x) = \frac{6mg}{Eba^3}\left(\frac{d}{2} - x\right)$$

据所讨论问题的性质,有边界条件:

$$y(0) = 0, \quad y'(0) = 0$$

解上面的微分方程可得

$$y(x) = \frac{3mg}{Eba^3}\left(\frac{d}{2}x^2 - \frac{1}{3}x^3\right)$$

将 $x = \dfrac{d}{2}$ 代入上式,得右端点的 y 值:

$$y = \frac{mgd^3}{4Eba^3}$$

又

$$y = \Delta z$$

因此,杨氏模量为

$$E = \frac{d^3 mg}{4a^3 b \Delta z}$$

实验七　用落球法测量液体的黏性系数

　　液体流动时,平行于流动方向的各层流体速度都不相同,即存在着相对滑动,于是在各层之间就有摩擦力产生,这一摩擦力称为黏性力,它的方向平行于接触面,其大小与速度梯度及接触面积成正比,比例系数 η 称为黏性系数(又称黏度),它是表征液体黏性强弱的重要参量。液体的黏性系数和人们的生产、生活有着密切的关系,比如医学上常把人体血液黏度作为健康的重要标志之一。又如,石油在封闭管道中长距离输送时,其输运特性与黏性密切相关,因此在设计管道前,必须测量被输送石油的黏度。

　　测量液体黏度可用落球法、毛细管法、转筒法等方法,其中落球法适用于测量黏度较高的透明或半透明的液体,例如蓖麻油、变压器油、甘油等。

【课前预习】

　　(1)黏性力与哪些物理量有关?

　　(2)测量黏性系数的方法有哪些?

【实验目的】

　　(1)学习和掌握一些基本物理量的测量。

　　(2)学习激光光电门的调准方法。

　　(3)用落球法测量蓖麻油的黏性系数。

【实验仪器】

　　ZC1123 型落球法黏性系数测定仪、卷尺、螺旋测微器、电子天平、游标卡尺、钢球若干。

　　1. 整体部件

　　ZC1123 型落球法黏性系数测定仪主要包括两部分:测试架和测试仪。图 3.7-1 为测试架结构图。

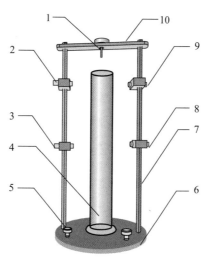

1—落球导管;2—发射光电门Ⅰ;3—发射光电门Ⅱ;4—量筒;5—水平调节螺钉;6—底盘;

7—支撑柱;8—接收光电门Ⅱ;9—接收光电门Ⅰ;10—横梁

图 3.7-1　测试架结构图

2. 测试仪使用说明

仪器使用时,测试架上端装光电门Ⅰ,下端装光电门Ⅱ,且两发射端装在一侧,两接收端装在另一侧。仪器的架子先用水准仪校准水平,发射与接收光电门应水平对准。将测试架上的发射光电门Ⅰ、发射光电门Ⅱ分别接至测试仪前面板的"发射端Ⅰ"和"发射端Ⅱ";将测试架上的接收光电门Ⅰ、接收光电门Ⅱ接至测试仪前面板的"接收Ⅰ"和"接收Ⅱ"。

检查无误后,按下测试仪后面板上的电源开关,计数秒表点亮。如果接收光电门与发射光电门完全对准,则此时面板上的"Ⅰ"和"Ⅱ"指示灯应熄灭。如果指示灯点亮,则应手动调节接收光电门与发射光电门完全对准,直至"Ⅰ"和"Ⅱ"指示灯熄灭。

这时按下测试仪前面板上的"启动"开关,"s"指示灯点亮,可以准备进行测量;在我们投下小球后,小球经过上面的光电门(光电门Ⅰ)时仪器开始计时;当小球经过光电门Ⅱ后仪器停止计时,并显示小球在两光电门之间的运行时间。重新按下"启动"开关后,计时清除,再放入第二个小球,经过两光电门后,将显示第二个小球的下落时间,依次类推。在实验过程中,不要碰到光电门,以免使光电门偏离,否则需重新校准光电门。

由于黏性系数与温度密切相关,所以我们还需要测量待测液体的温度。将温度传感器专用插头连接至测试仪,再将防油密封的温度传感器置于液体中的适当位置。仪器配置的数字温度计的测量范围为室温至99.9 ℃,准确度为(测量值×1%±0.2)℃,分辨率为0.1 ℃。也可以用精密温度计测温,一般使用测量范围为0~50 ℃或者50~100 ℃,分辨率为0.1 ℃的精密温度计。

【实验原理】

处在液体中的小球受到竖直方向的三个力的作用:小球的重力 mg(m 为小球质量)、液体作用于小球的浮力 ρgV(V 是小球体积,ρ 是液体密度)和黏性阻力 F(其方向与小球运动方向相反)。如果液体无限深广,那么在小球下落速度 v 较小情况下,有

$$F = 6\pi\eta rv \tag{3.7-1}$$

上式称为斯托克斯公式,其中 r 是小球的半径;η 称为液体的黏度,其单位是 Pa·s。

小球在刚下落时,由于速度较小,所以受到的阻力也比较小,随着下落速度的增大,阻力也随之增大。最后,三个力达到平衡,即

$$mg = \rho gV + 6\pi\eta v_0 r \tag{3.7-2}$$

此时,小球将以 v_0 作匀速直线运动,由(3.7-2)式可得

$$\eta = \frac{(m - V\rho)g}{6\pi v_0 r} \tag{3.7-3}$$

令小球的直径为 d,并将 $m = \frac{\pi}{6}d^3\rho'$,$v_0 = \frac{l}{t}$,$r = \frac{d}{2}$ 代入(3.7-3)式,得

$$\eta = \frac{(\rho' - \rho)gd^2t}{18l} \tag{3.7-4}$$

式中,ρ' 为小球的密度,l 为小球匀速下落的距离,t 为小球下落 l 距离所用的时间。

在实验过程中,待测液体是放置在容器中的,因此无法满足无限深广的条件。实验证明,上式应进行如下修正方能符合实际情况:

$$\eta = \frac{(\rho' - \rho)gd^2 t}{18l} \frac{1}{\left(1 + 2.4\dfrac{d}{D}\right)\left(1 + 1.6\dfrac{d}{H}\right)} \tag{3.7-5}$$

式中，D 为容器内径，H 为液柱高度。

当小球的密度较大，直径不是太小，而液体的黏度又较小时，小球在液体中的平衡速度 v_0 会达到较大的值，奥西思-果尔斯公式反映出液体运动状态对斯托克斯公式的影响：

$$F = 6\pi\eta v_0 r\left(1 + \frac{3}{16}Re - \frac{19}{1080}Re^2 + \cdots\right) \tag{3.7-6}$$

式中，Re 称为雷诺数，是表征液体运动状态的无量纲量。

$$Re = \frac{\rho d v_0}{\eta} \tag{3.7-7}$$

当 $Re<0.1$ 时，可认为 (3.7-1) 式、(3.7-5) 式成立；当 $0.1<Re<1$ 时，应考虑 (3.7-6) 式中 1 阶修正项的影响，当 $Re>1$ 时，还须考虑高阶修正项的影响。

考虑 (3.7-6) 式中 1 阶修正项及玻璃管的影响后，黏度 η_1 可表示为

$$\eta_1 = \frac{(\rho' - \rho)gd^2}{1.8v_0(1 + 2.4d/D)(1 + 3Re/16)} = \eta\frac{1}{1 + 3Re/16} \tag{3.7-8}$$

由于 $3Re/16$ 是远小于 1 的数，将 $1/(1 + 3Re/16)$ 按幂级数展开后近似为 $1 - 3Re/16$，所以 (3.7-8) 式又可表示为

$$\eta_1 = \eta - \frac{3}{16}v_0 d\rho \tag{3.7-9}$$

已知或测量得到 ρ'、ρ、D、d、v_0 等参量后，由 (3.7-5) 式计算黏度 η，再由 (3.7-7) 式计算 Re，若需计算 Re 的 1 阶修正，则由 (3.7-9) 式计算经修正的黏度 η_1。在国际单位制中，η 的单位是 Pa·s（帕斯卡秒），在厘米-克-秒单位制中，η 的单位是 P（泊）或 cP（厘泊），它们之间的换算关系是

$$1\ \text{Pa·s} = 10\ \text{P} = 1\,000\ \text{cP} \tag{3.7-10}$$

【实验内容】

用落球法测量液体的黏性系数，最重要的步骤是调整好光路，以使小球下落时能准确地挡光，从而顺利完成实验。

1. 测试架调整

（1）将水准仪放置在仪器底盘上，调整黏性系数测定仪测试架上的三个水平调节螺钉，使测试架基本水平。

（2）将两个发射光电门按仪器使用说明上的方法连接。接通测试仪电源，此时可以看到两个发射光电门发出红光。调节上、下两个发射光电门，使两激光束刚好照在线锤的线上。

（3）将装有测试液体的量筒放置于底盘上，并移动量筒使其处于底盘中央位置；将落球导管安放于横梁中心，两个接收光电门调整至正对两个发射光电门（可参照上述测试仪使用说明校准两个接收光电门）。待液体静止后，用镊子将小球从导管中放入，观察小球能否挡住两个发射光电门发出的光束（挡住两光束时会有时间值显示），若不能，则应适当调整光电门的位置，必要时微调仪器底盘上的三个水平调节螺钉。

如果使用上述调节方法仍不能实现小球挡光,那么建议用以下方法细调:

① 先移开发射光电门Ⅰ,调节发射光电门Ⅱ的位置和量筒的位置,使得从落球导管上方通过 3 mm 小孔往下看,能观察到光线轨迹 2 位于小孔的中间位置,并且能对准接收光电门Ⅱ,使指示灯"Ⅱ"熄灭。注意:环境光不能太强。

② 调整发射光电门Ⅰ的位置,使得从落球导管上方通过 3 mm 小孔往下看,能观察到光线轨迹 1 位于小孔的中间位置,并与光线轨迹 2 重合。同样也调节接收光电门Ⅰ,使指示灯"Ⅰ"熄灭。

③ 试放小球,从发射光电门一侧观察小球下落时位于光线轨迹的何方,再进行相应的细调,这时可以通过转动落球导管,利用落球导管的偏心度来调整小球的位置。

经过以上步骤的细调,小球均能顺利地实现两次挡光。

2. 测量

(1) 开始测量时,记录液体的温度。注意:应从平行于横梁的方向放置小球,特别是对于尺寸更小的钢球,否则导管与小球的间隙会在一定程度上影响挡光的成功率。当小球全部投下后再测一次液体的温度,求其平均温度。

(2) 用卷尺测量光电门之间的距离 L;测量 6 次小球下落的时间,并求其平均值 $\bar{t}$。

(3) 用电子天平测量多个小球的质量,求其平均质量 $\bar{m}$。

(4) 用螺旋测微器测量多个小球的直径,求其平均值 $\bar{d}$,计算小球的密度 ρ'。

(5) 用密度计测量待测液体的密度 ρ(精确测量时进行该步骤,密度计自备)。

(6) 用游标卡尺测量量筒内径 D。

(7) 将相关量代入(3.7-5)式,计算液体的黏性系数 η,并与该温度下的黏性系数进行比较。

[参考数据]钢球平均密度:

$$\rho' = 7.8 \times 10^3 \text{ mg/m}^3$$

蓖麻油密度:

$$\rho = 0.97 \times 10^3 \text{ mg/m}^3$$

【数据处理】

(1) 小球的直径测量。

(2) 小球在待测液体中的时间测量。

【注意事项】

(1) 在测量时,应将小球用酒精擦拭干净。

(2) 应等被测液体稳定且无气泡后再投放小球。

(3) 全部实验完毕后,应将量筒轻移出底盘中心位置,然后用仪器配置的磁铁将钢球吸出,并将钢球擦拭干净后放置于酒精溶液中,以备下次实验使用。

【思考与讨论】

(1) 为何要对(3.7-4)式进行修正?

(2) 如何判断小球在液体中已处于匀速运动状态?

(3) 影响测量精度的因素有哪些?

实验八　用四端法测量低值电阻

电阻(resistance,通常用"R"表示),是一个物理量,在物理学中表示导体对电流阻碍作用的大小。导体的电阻越大,导体对电流的阻碍作用就越大。电阻的单位是欧姆,用符号"Ω"表示。欧姆是这样定义的:当在一个电阻器的两端加上 1 V 的电压时,如果在这个电阻器中有 1 A 的电流通过,则这个电阻器的电阻为 1 Ω。我们常说的欧姆定律就是 $R = U/I$。元件的电阻大小一般与温度、材料、长度、横截面积有关。

电阻是电路的基本元件之一,电阻值的大小直接影响各种电路的性能,所以电阻值测量是基本的,也是最重要的一项电学测量内容。按所用测量仪表的不同,常见的电阻测量方法可分为伏安法、欧姆表法和电桥法等。

1. 伏安法

根据电阻的定义,只要测量出电阻两端的电压和流经电阻的电流,就可以根据欧姆定律求出电阻值。

2. 欧姆表法

使用指针式欧姆表或数字式欧姆表测量电阻值。指针式欧姆表使用机械式指针表头测量,使用的也是伏安法,其准确度一般较低。数字式欧姆表一般使用比较式测量,其准确度比指针式高。

3. 电桥法

电桥是一种测量电阻的精密设备。电桥法将未知电阻接入阻值已知且准确度高的电桥回路,进行比较式测量(使电桥平衡),一般能获得比伏安法和欧姆表法更高的测量准确度。

根据电阻值的大小,电阻一般分为高值电阻($R \geqslant 10$ MΩ)、中值电阻($10\ \Omega \leqslant R < 10$ MΩ)、低值电阻($R < 10\ \Omega$)。

一般来说,高值电阻和中值电阻使用二端法测量,低值电阻使用四端法测量。这是因为测量低值电阻时,引线电阻和接触电阻的影响不可忽略,所以引入两个电流端和两个电位端,形成四端法测量方式,被测的电阻具有 4 个端钮,可称为四端电阻。

【课前预习】

传统测量电阻的方法有哪些? 它们有何优缺点?

【实验目的】

学会利用四端法测量低值电阻。

【实验仪器】

实验仪器为 ZC1518 型四端电阻测量实验仪,其主要技术参量如下。

(1) 数字电压表:4 位半数显,量程为 200 mV 或 2 V,由开关切换;测量不确定度为 $(0.2\% \cdot U_x \pm 2)$(mV 或 V)。

(2) 可调恒流源:用于测量低值电阻,量程为 200 mA 或 2 A,最大电流为 2 A,由开关切换;4 位半数字电流表显示电流大小,测量不确定度为$(0.2\% \cdot I_x \pm 2)$(mA 或 A)。

(3) 待测四端电阻:包括 2 个未知的低值电阻 R_{x1}、R_{x2},既可用四端法测量,又可用两

101

端法测量。用四端法测量时,需连接 R_{x1} 或 R_{x2} 的 4 个端钮;用两端法测量时,只需连接 R_{x1} 或 R_{x2} 两侧的各一个端钮。利用 4 个被测电阻转接测量端子,将自制的四端电阻的 4 个引脚分别接入 C_1、P_1、P_2、C_2 接线柱侧面的孔中,并适当拧紧(注意:如果 4 个引脚是漆包线,那么要先去漆皮),再用专用的测试线插到接线柱上方的孔里,连接到实验仪的 C_1、P_1、P_2、C_2 插孔中,然后便可进行测量。

(4)数字温度计的测温范围为 0 ~ 100 ℃,分辨率为 0.1 ℃,测量不确定度为(1%·$t_x \pm 0.5$)℃。

(5)仪器附有两种漆包线:一种是无氧铜漆包线,用于自制四端铜电阻,可用于测量铜电阻的阻值和温度系数;另一种是锰铜漆包线,用于自制四端锰铜电阻,具有很低的温度系数。

(6)电热水壶、烧杯:电热水壶用于提供热水;烧杯规格为 500 mL,用于盛放热水。

(7)仪器有 4 个测量端,分别是 C_1、P_1、P_2、C_2,其中 C_1、C_2 是电流端,分别是 I_+、I_- 端;P_1、P_2 是电位端,分别是 U_+、U_- 端。这 4 个端钮用于四端法测量低值电阻。将 C_1、P_1 短路,并将 C_2、P_2 短路,再以两个测试线测量电阻,就成为两端法测量电阻。

(8)测量范围:有效量程为 0.01 ~ 100 Ω,最大测量范围为 0.001 ~ 1 000 Ω。

【实验原理】

1. 四端法测量低值电阻的原理

常见的伏安法和单臂电桥测量电阻时,从测量方式看,均使用二端法测量线路,其等效电路如图 3.8-1 和图 3.8-2 所示。其中 R_1 和 R_2 分别代表被测电阻 R_x 的引线电阻和接触电阻。

由图 3.8-1 和图 3.8-2 可见,当 R_1 和 R_2 的值接近 R_x 的绝对误差值时,其引入的误差不可忽略,或不可接受。例如,若 R_x 为 10 Ω,假设 R_1 和 R_2 均为 0.01 Ω,则带来的附加误差为($0.01+0.01$)$/10 = 0.002$,即 0.2%;若 R_x 为 1 Ω,假设 R_1 和 R_2 还是均为 0.01 Ω,则带来的附加误差为($0.01+0.01$)$/1 = 0.02$,即 2%;以此类推。测量更小的电阻时,引线电阻和接触电阻带来的误差将更大,以至于失去测量的意义。

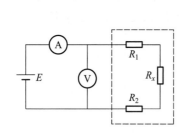

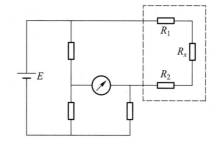

图 3.8-1 伏安法测电阻等效电路　　　　图 3.8-2 单臂电桥测电阻等效电路

因此测量电阻时,若其阻值在 10 Ω 以下,则需要引入四线式测量,常见的有四端法和双臂电桥法,原理示意图见图 3.8-3 和图 3.8-4。

将图 3.8-3 和图 3.8-1 比较可看出,被测电阻 R_x 有 4 个端钮,分别为 C_1、P_1、P_2、C_2,其中 C_1、C_2 称为电流端,P_1、P_2 称为电位端。虽然引线电阻依然存在,可是由于 R_1、R_4 串入电流回路,对电压表测量结果没影响;R_2、R_3 虽然在电压回路中,可是由于电压表的内阻很高,大大高于引线电阻,所以对测量结果影响非常小,可以忽略。另外,测量所用的电压表设计成高输入内阻,一般在 $10^6\ \Omega$ 以上,而被测电阻 R_x 一般在 $10\ \Omega$ 以下,与测量要求的不确定度相比,因电压表内阻引起的测量误差可忽略。

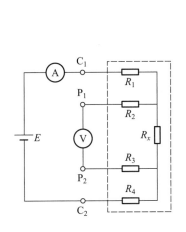
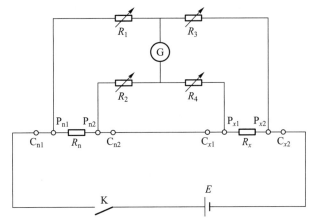

图 3.8-3　四端法原理示意图　　　　图 3.8-4　双臂电桥法原理示意图

从图 3.8-3 也可知,低值电阻的准确值应以电流端和电位端的连接点为准,从理论上来说,交换电流端和电位端的位置并不会影响电阻值。但是在很多场合中,由于电阻的设计和结构等原因,电位端不允许流经较大的电流,所以正确的使用方法是将电流端接入电流测量回路,电位端接入电压测量回路。

双臂电桥法的原理可以看作将标准电阻和被测电阻的电位端进行平衡比较和测量,本实验不讨论这部分内容,有兴趣的同学可自行学习,也可将本实验的测量结果与双臂电桥的测量结果相比较。

测量时,将实验仪专用导线以四端法连接至被测电阻板,记录不同的测试电流和测试电压,注意测试电流不要过大。

另外,将实验仪面板上的 C_1、P_1 两个端钮以及 C_2、P_2 两个端钮分别用专用短路插短路,形成一个二端法测量电路,测量同样的被测电阻,与四端法的测量结果相比较,并估算引线电阻和接触电阻的大小。

2. 铜电阻和温度系数的测量

金属的电阻会随温度的变化而产生变化。我们以铜电阻为例,介绍用四端法测量低值铜电阻和其温度系数。

一般来说,金属的电阻随温度的变化可用下式描述:

$$R_x = R_{x0}(1+\alpha t+\beta t^2)$$

R_{x0} 为 0 ℃时的电阻值,α 和 β 称为温度系数的一次项和二次项。对纯铜制成的铜电阻,可参考的值为

$$\alpha = 4.289 \times 10^{-3}/℃,\beta = -2.133 \times 10^{-7}/℃^2$$

一般来说,在温度不是很高的情况下,可忽略二次项 βt^2,将金属的电阻值随温度的变化视为线性变化,即

$$R_x = R_{x0}(1+\alpha t) = R_{x0}+\alpha t\, R_{x0}$$

通常说的温度系数就是指 α，我们可以通过测量不同温度时的不同阻值来测量 α 和 R_{x0} 的值。

铜电阻的测量可以参考普通的电阻测量方法。但需要注意的是，由于其温度效应明显，所以测量时要注意环境温度变化的影响。在保证精确度的情况下，测量电流要尽量小，测量时间要短，以减小因铜电阻自身发热而引起的误差。

本实验使用两种不同材质的铜电阻进行比较实验。一种是无氧铜漆包线制作的纯铜电阻，具有较明显的温度效应，通常用于温度传感器，如工业应用的 Cu50 铜电阻；另一种是锰铜漆包线制作的锰铜电阻，具有较低的温度系数，通常用于要求温度效应小的场合，如取样电阻、标准电阻、电阻箱等。

为了增强实验者的动手能力，我们只提供两种漆包线，请使用者根据四端电阻的原理自行制作具有四线式引出的、可用于测温度系数的两种四端电阻。四端电阻的一种制作法可参考图 3.8-5，阴影部分表示测量介质（液体水）。

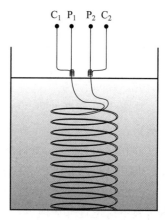

将铜电阻置于烧杯内的热水中，注意液面应将四线引出点以下的部位全部浸没。由于我们测量的是低值电阻，所以可以忽略水的导电电阻的影响。稳定一段时间（如 3~5 min）后，便可进行电阻测量。

在已知温度的介质内，测量铜电阻随温度变化的一系列阻值，可以得到一条电阻-温度曲线。根据这条曲线，我们可以经直线拟合而推算出其斜率，即温度系数，截距即该电阻在 0 ℃ 时的电阻值。另外，根据由这条曲线拟合得到的直线方程，我们可以用这个铜电阻去测量未知的温度，比如环境温度等。

图 3.8-5　四端电阻制作法

【实验内容】

（1）测量 R_{x1}、R_{x2}。测量前先打开实验仪电源开关，将电流量程和电压量程调节到"断"的位置。电流调节旋钮逆时针旋到底，即最小位置。

用 4 条测试线连接实验仪与待测电阻，注意不可将 C_1、C_2 或 P_1、P_2 连接到 R_{x1}、R_{x2} 的同一侧，这样会使被测电阻短路。

先将电流量程设为 200 mA，电压量程设为 2 V，慢慢调节电流大小。然后根据被测电阻的大小选择合适的电流和电压量程，优先选择 200 mA 和 200 mV 量程。读得电流和电压数据后，应将电流量程切换到"断"的位置，以免因电阻发热而产生误差。

（2）测量铜电阻的温度特性曲线，求其温度系数。自制铜电阻。将漆包线在圆柱形物体上绕数十圈（漆包线可重复利用）。在离引出头约 20 cm 处，用细砂皮纸磨去漆包层（也可刮去漆包层），另取两段长约 20 cm 的漆包线去皮，将其绕在绕好的铜电阻上。将 4 个引出头均去漆皮，连接到四端式待测电阻盒，并用 4 根专用导线连接至实验仪的 C_1、P_1、P_2、C_2 插孔（应去掉短路插）。

用电热水壶准备好热水，注意水不要烧开，温度不要超过 95 ℃（建议在 70 ℃ 以下）。注意不要被热水烫伤。

将制作好的铜电阻调节至适当高度并竖直放置于烧杯中，将热水缓慢倒入烧杯中，浸没铜电阻至合适位置,等待数分钟待温度平衡后,即可准备测量。可以在测量某个电阻时,用手持式数字温度计检测水温,并记录数据。待热水冷却,记录 7 组以上的温度-电阻数据。

(3)测量锰铜电阻的温度特性曲线,求其温度系数。换成自制的锰铜电阻,测量过程同上。

【数据处理】

(1)低值电阻的不确定度由电压表和电流表的不确定度决定。

$u = \sqrt{u_U^2 + u_I^2}$,u_U 和 u_I 由仪器给出,$u_U = (0.2\% \cdot U_x \pm 2)$(mV 或 V),$u_I = (0.2\% \cdot I_x \pm 2)$(mA 或 A)。

估算引线电阻和接触电阻:

$$R_1 \approx R_2 = (R_{两端} - R_{四端})/2$$

(2)求铜电阻的温度系数,学习用 Excel 软件或专用的计算器进行直线拟合。

【注意事项】

(1)电流在测量时应间歇通断。

(2)由于实验仪是专用于测量低值电阻的,所以恒流源的有效输出电压较低,约为 2 V。在驱动较高阻值的电阻时,会出现电流调节到一定值无法继续上升的情况,这是正常现象。

(3)请勿长时间短路输出实验仪电流。

(4)要注意安全使用电热水壶,不可玩耍,要注意管好热水。

实验九　用示波器观测铁磁材料的磁化曲线和磁滞回线

铁磁材料广泛应用于汽车、家电等行业,同时在新能源、机器人、航空航天、智慧城市等领域也有着不可替代的应用。目前我国正在优化产业结构和能源结构,在这样的背景下,高性能钐钴、钕铁硼等磁性材料有着广阔的发展前景。不同的应用场景需根据对磁性的特殊需求选择合适的磁性材料,如某些材料磁化后磁感应强度可长久保持,适宜作永磁铁;某些材料磁导率高、饱和磁感应强度大,容易磁化和去磁,适用于电机和仪表制造等。材料的磁性经常通过磁化曲线和磁滞回线进行表征,通过它们可以确定材料的基本磁性参量,如饱和磁感应强度、剩余磁感应强度、矫顽力和磁导率等。因此,磁化曲线和磁滞回线既是磁性材料的重要特性,也是磁性材料能否应用于特定场景的重要依据。测绘磁化曲线和磁滞回线常用静态法和动态法。静态法准确度高,但较复杂;动态法虽然准确度低,但具有直观、方便、快速等优点。本实验采用动态法,通过示波器观测铁磁材料的磁化曲线和磁滞回线。

【课前预习】

(1) 了解磁滞回线的物理概念。

(2) 了解磁性材料各参量的物理意义。

(3) 了解自旋电子器件在消费电子领域的应用。

【实验目的】

(1) 学习磁滞回线的物理概念和测量原理,用示波器观察动态磁滞回线。

(2) 测量动态磁滞回线和磁化曲线,并计算饱和磁感应强度、剩余磁感应强度、矫顽力等物理量。

(3) 比较不同交变磁场频率下动态磁滞回线的区别。

(4) 比较不同的磁性材料磁滞回线形状的变化,掌握磁性材料参量的意义及如何选用磁性材料。

【实验仪器】

ZC1512 型动态磁滞回线实验仪、双踪示波器、罗兰环铁氧体、EI 型硅钢片。

【实验原理】

1. 磁滞现象

在外磁场的作用下,铁磁材料能够被强烈磁化,外磁场停止作用后,材料仍保留磁化状态。图 3.9-1 为铁磁材料磁感应强度 B 随外加磁场强度 H 变化的曲线。图中原点 O 为材料未被磁化时的状态,也称为去磁状态,当磁场强度 H 从零开始增加时,磁感应强度 B 也随之缓慢增加,如 Oa 段所示;之后 B 迅速变大,如 ab 段所示;其后 B 的增长逐渐放缓,当 H 增加到一定值(H_m)后,B 几乎不再随 H 的增加而增加(B_m),说明磁化已达饱和(图中 S 点)。从未磁化到饱和磁化的这段磁化曲线称为材料的起始磁化曲线,如图中 $OabS$ 所示。当磁场逐渐撤掉时,即从 H_m 值逐渐减小至零,磁感应强度并不沿起始磁化曲线恢复到 O 点,而是沿着另一条新的曲线 SR 下降。比较 OS 与 SR 两段曲线可知,尽管 SR 段 B 随 H 减小,但 B 的减小速度低于 H 的减小速度,这种 B 滞后于 H 变化的现象称

106

为磁滞现象。当 H 减小至零时，B 并不为零，而是保留一定值(B_r)，此值称为剩余磁感应强度，简称剩磁。若要使被磁化的铁磁材料的磁感应强度 B 减小到 0，必须加上一个反向磁场。当反向磁场强度增加到 $H=-H_c$ 时(图中 C 点)，磁感应强度 B 才减小到 0，达到退磁。图中的 RC 段曲线为退磁曲线，H_c 为矫顽力，它的大小反映了铁磁材料保持剩磁状态的能力。

当外磁场强度按照 $H_m \to 0 \to -H_c \to -H_m \to 0 \to H_c \to H_m$ 次序变化时，相应的磁感应强度 B 的变化构成闭合曲线 $SRCS'R'C'S$，此曲线称为磁滞回线。在交变磁场作用下，铁磁材料被周期性反复磁化，B-H 的量值关系形成一个稳定的闭合"磁滞回线"，称之为动态磁滞回线。通常以这条曲线来表示材料的磁化性质。这种反复磁化的过程称为"磁锻炼"。本实验使用交变电流，所以每个磁化状态都经过充分的"磁锻炼"，随时可以获得磁滞回线。从初始状态 $H=0,B=0$ 开始，依次增加交变磁场强度，可以得到面积由小到大向往扩张的一簇磁滞回线，如图 3.9-2 所示。

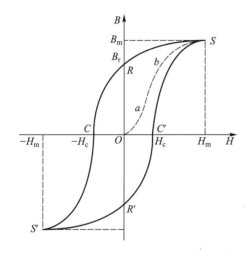 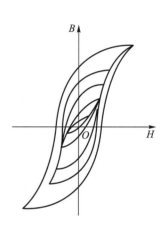

图 3.9-1　起始磁化曲线和磁滞回线　　　图 3.9-2　基本磁化曲线

2. 磁化曲线

原点 O 和各磁滞回线的顶点所连成的曲线，称为铁磁材料的基本磁化曲线，见图 3.9-2。在测量基本磁化曲线时，每个磁化状态都要经过充分的"磁锻炼"。否则，得到的 B-H 曲线即起始磁化曲线，两者不可混淆。

由于铁磁材料磁化过程的不可逆性及具有剩磁的特点，在测定磁化曲线和磁滞回线时，首先必须将铁磁材料退磁，以保证外加磁场 $H=0,B=0$。在理论上，要消除剩磁 B_r，只需通反向磁化电流，使外加磁场强度正好等于铁磁材料的矫顽力。实际上，矫顽力的大小通常并不知道，因此无法确定退磁电流的大小。我们从磁滞回线可以得到启示，如果使铁磁材料达到磁饱和，然后不断改变磁化电流的方向，与此同时逐渐减少磁化电流，直到零，则该材料的磁化过程中就是一连串逐渐缩小而最终趋于原点的环状曲线。当 H 减小到零时，B 亦同时降为零，达到完全退磁。

磁滞回线和磁化曲线是铁磁材料分类和选用的主要依据。磁滞回线狭长、矫顽力小、剩磁弱的称为软磁质，适用于制造变压器和电磁铁；磁滞回线宽、矫顽力大、剩磁强的称为硬磁质,适用于制造永磁体。

　　3. 示波器显示 B-H 曲线的原理

　　本实验研究的铁磁材料是一个环形试样,如图 3.9-3 所示。在试样上绕有励磁线圈 N_1 匝和测量线圈 N_2 匝。若在线圈 N_1 中通过磁化电流 i_1,则此电流在试样内产生磁场,根据安培环路定理 $HL=N_1 i_1$,磁场强度 H 的大小为

$$H = \frac{N_1 i_1}{L} \qquad (3.9\text{-}1)$$

式中 L 为环形试样的平均磁路长度(在图 3.9-3 中用虚线表示)。

　　图 3.9-4 为动态法测磁滞回线原理图,由图可知示波器 X 端输入电压为

$$U_x = i_1 R_1 \qquad (3.9\text{-}2)$$

由(3.9-1)式和(3.9-2)式得

$$U_x = \frac{L R_1}{N_1} H \qquad (3.9\text{-}3)$$

上式表明,在交变磁场下,任一时刻电子束在 x 轴的偏转正比于磁场强度 H。

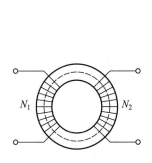

图 3.9-3　环形试样

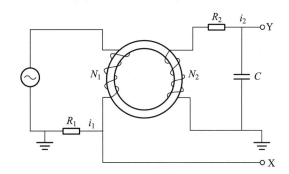

图 3.9-4　动态法测磁滞回线原理图

　　为了测量磁感应强度 B,在线圈 N_2 上串联一个电阻 R_2 与电容 C 构成一个回路,取电容 C 两端电压 U_C 至示波器 Y 端输入,则有

$$\varepsilon_2 = i_2 \sqrt{R_2^2 + (1/\omega C)^2}$$

式中,ω 为电源的角频率,ε_2 为线圈 N_2 的感应电动势。若选取适当的 R_2 和 C 使得 $R_2 \gg 1/\omega C$,则 $\varepsilon_2 \approx i_2 R_2$,因交变的磁场强度 H 使得试样中产生交变的磁感应强度 B,故有

$$\varepsilon_2 = N_2 \frac{\mathrm{d}Q}{\mathrm{d}t} = N_2 S \frac{\mathrm{d}B}{\mathrm{d}t}$$

式中 S 为环形试样的截面积,则有

$$U_y = U_C = \frac{Q}{C} = \frac{1}{C} \int i_2 \mathrm{d}t = \frac{1}{C R_2} \int \varepsilon_2 \mathrm{d}t = \frac{N_2 S}{C R_2} \int \mathrm{d}B = \frac{N_2 S}{C R_2} B \qquad (3.9\text{-}4)$$

上式表明,接在示波器 Y 端输入的 U_y 正比于 B。

　　$R_2 C$ 构成的电路在电子技术中称为积分电路,表示输出的电压 U_C 是感应电动势 ε_2 对时间的积分。为了如实地绘出磁滞回线,要求 $R_2 \gg 1/(2\pi f C)$。如果没有满足这个条件,那么线路本身就会带来一定的附加相移,也会导致出现图 3.9-5 这种畸变。另外示波器的输入也会带来一定的附加相移,加剧这种畸变。经过试验,观测时将 X 输入选择

"AC",Y 输入选择"DC",并选择合适的 R_1 和 R_2 可得到最佳磁滞回线图形,避免出现这种畸变。

这样,在磁化电流变化的一个周期内,电子束的径迹描出一条完整的磁滞回线。适当调节示波器的 X 和 Y 增益,再由小到大调节信号发生器的输出电压,即能在屏上观察到由小到大扩展的磁滞回线图形。逐次记录其正顶点的坐标,并在坐标纸上把它们连成光滑的曲线,就可得到样品的基本磁化曲线。

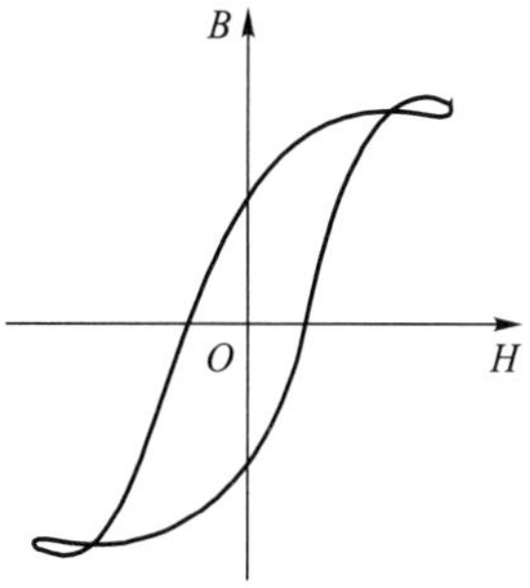

图 3.9-5　出现畸变的磁滞回线

4. 示波器的定标

从前面说明中可知,示波器可以显示出待测材料的动态磁滞回线,但为了定量研究磁化曲线和磁滞回线,必须对示波器进行定标,即确定示波器的 x 轴每格代表的 H 值和 y 轴每格代表的 B 值 。

由(3.9-3)式、(3.9-4)式可以得知,在 U_x、U_y 可以准确测得且 R_1、R_2 和 C 都为标准元件的情况下,可以省去繁琐的定标工作。下面就对如何在这种情况下测量进行分析。

一般示波器都有已知的 x 轴和 y 轴的灵敏度,设 x 轴灵敏度为 S_x(单位为 V/div),y 轴灵敏度为 S_y(单位为 V/div)。将 x 轴、y 轴的灵敏度旋钮顺时针旋到底并锁定,则上述 S_x 和 S_y 均可由示波器直接读出,有

$$U_x = S_x x, U_y = S_y y$$

式中 x、y 分别为测量时记录的坐标值(单位为 div),可见通过示波器就可测得 U_x、U_y 的值。

由于本实验使用的 R_1、R_2 和 C 都是规格已知的标准元件,误差很小,其中的 R_1 和 R_2 为无感交流电阻,C 的介质损耗非常小,所以就可结合示波器测量出 H 和 B 的值。

综合上述分析,由(3.9-3)式、(3.9-4)式可得本实验定量计算公式:

$$H = \frac{N_1 S_x x}{L R_1} \tag{3.9-5}$$

$$B = \frac{C R_2 S_y y}{N_2 S} \tag{3.9-6}$$

式中,R_1、R_2 的单位为 Ω;L 的单位为 m;S 的单位为 m^2;C 的单位为 F;S_x、S_y 的单位为 V/div;x、y 的单位为 div(分正负);H 的单位为 A/m;B 的单位为 T。

【实验内容】

实验前先熟悉实验的原理和仪器的构成。使用仪器前先将信号源输出幅度调节旋钮逆时针旋到底(多圈电位器),使输出信号最小。注意:由于电阻 R_1 的左端已经与地相连,右端已经与输出 U_R 相连,所以电阻 R_1 右端应该接到线圈的一端,否则如果左端接地,就会短路 U_R,从而无法正确做出实验;类似地,电容 C 的右端已经与输出 U_C 相连,所以也不应该与地相连。实验仪器的面板上已经用虚线标出了需要连接的线路位置,以便正确连接线路。

1. 显示和观察两种样品在 25 Hz、50 Hz、100 Hz 交流信号下的磁滞回线图形

(1) 按图 3.9-4 所示连接线路。

① 逆时针调节幅度调节旋钮到底,使信号输出最小。

② 示波器显示工作方式为 X-Y 方式。

③ 示波器 X 输入为 AC 方式,测量采样电阻 R_1 的电压。

④ 示波器 Y 输入为 DC 方式,测量积分电路的电压。

⑤ 选择硅钢片(样品 2)样品先进行实验。

⑥ 接通示波器和动态磁滞回线实验仪电源,适当调节示波器辉度,以免荧光屏中心受损。预热后开始测量。

(2) 将示波器光点调至显示屏中心,调节实验仪频率调节旋钮,频率显示窗显示 25.00 Hz。

(3) 单调增加磁化电流,即缓慢顺时针调节幅度调节旋钮,使示波器显示的磁滞回线上 B 值缓慢增加,达到饱和。改变示波器上 X、Y 输入增益波段开关并锁定增益电位器(一般为顺时针旋到底),调节 R_1、R_2 的大小,使示波器显示出典型、美观的磁滞回线图形。

(4) 单调减小磁化电流,即缓慢逆时针调节幅度调节旋钮,直到示波器最后显示为一点,位于显示屏的中心,即 x 和 y 轴线的交点,如不在中间,则可调节示波器的 X 和 Y 位移旋钮。

(5) 单调增加磁化电流,即缓慢顺时针调节幅度调节旋钮,使示波器显示的磁滞回线上 B 值缓慢增加,达到饱和,改变示波器上 X、Y 输入增益波段开关和 R_1、R_2 的值,使示波器显示出典型、美观的磁滞回线图形。

(6) 逆时针调节幅度调节旋钮到底,使信号输出最小。调节实验仪频率调节旋钮,频率显示窗分别显示 50.00 Hz、100.0 Hz,重复上述(3)—(5)的操作,比较磁滞回线形状的变化。磁滞回线形状与信号频率有关,频率越高,磁滞回线包围的面积就越大,用于信号传输时磁滞损耗也就越大。

(7) 换环形铁氧体(样品 1)实验样品,重复上述(2)—(6)步骤,观测 50.00 Hz 的磁滞回线。

2. 测磁化曲线和动态磁滞回线,实验样品为硅钢片

(1) 在实验仪上接好实验线路,逆时针调节幅度调节旋钮到底,使信号输出最小。将示波器光点调至显示屏中心,调节实验仪频率调节旋钮,频率显示窗显示 50.00 Hz。

(2) 退磁。

① 单调增加磁化电流,即缓慢顺时针调节幅度调节旋钮,使示波器显示的磁滞回线上 B 值缓慢增加,达到饱和。改变示波器上 X、Y 输入增益波段开关和 R_1、R_2 的值,使示波器显示出典型、美观的磁滞回线图形。磁化电流在水平方向上的读数范围为$-5.00\sim$ 5.00 div,此后,保持示波器上 X、Y 输入增益波段开关和 R_1、R_2 值固定不变并锁定增益电位器(一般为顺时针旋到底),以便进行 H、B 的标定。

② 单调减小磁化电流,即缓慢逆时针调节幅度调节旋钮,直到示波器最后显示为一点,位于显示屏的中心,即 x 和 y 轴线的交点,如不在中间,则可调节示波器的 X 和 Y 位移旋钮。实验中可用示波器 X、Y 输入的接地开关检查示波器的中心是否对准显示屏 x、y 轴线的交点。

(3) 测磁化曲线(即测量大小不同的各个磁滞回线的顶点的连线)。单调增加磁化电流,即缓慢顺时针调节幅度调节旋钮,磁化电流在 x 方向的读数为 0、0.20、0.40、0.60、0.80、1.00、1.50、2.00、2.50、3.00、4.00、5.00,单位为 div(格),将磁滞回线顶点在 y 方向的读数记录在表 3.9-1 中,单位为 div,磁化电流在 x 方向的读数范围为$-5.00\sim5.00$ div 时,示波器上将显示典型、美观的磁滞回线图形。此后,保持示波器上 X、Y 输入增益波段开关和 R_1、R_2 值固定不变并锁定增益电位器(一般为顺时针旋到底),以便进行 H、B 的标定。

110

表 3.9-1　硅钢片磁化曲线测试记录表($R_1 =$ ＿＿ Ω，$R_2 =$ ＿＿ $k\Omega$）

序号	1	2	3	4	5	6	7	8	9	10	11	12
x/div	0	0.20	0.40	0.60	0.80	1.00	1.50	2.00	2.50	3.00	4.00	5.00
$H/(\mathrm{A \cdot m^{-1}})$												
y/div												
B/mT												

（4）测动态磁滞回线。在磁化电流 x 方向的读数范围为 $-5.00 \sim 5.00$ div 时，记录示波器显示的磁滞回线在 x 方向的读数为 5.00、4.00、3.00、2.00、1.00、0、-1.00、-2.00、-3.00、-4.00、-5.00 时（单位为 div），相对应的 y 方向的读数；记录在 y 方向的读数为 3.00、2.00、1.00、0、-1.00、-2.00、-3.00 时（单位为 div），相对应的 x 方向的读数，将结果填入表 3.9-2 中。

表 3.9-2　硅钢片动态磁滞回线测试记录表

x/div	$H/(\mathrm{A \cdot m^{-1}})$	y/div	B/mT	x/div	$H/(\mathrm{A \cdot m^{-1}})$	y/div	B/mT
5.00				−5.00			
4.00				−4.00			
3.00				−3.00			
2.00				−2.00			
1.00				−1.00			
0				0			
		3.00				−3.00	
−1.00				1.00			
		2.00				−2.00	
−2.00				2.00			
		1.00				−1.00	
		0				0	
		−1.00				1.00	
		−2.00				2.00	
		−3.00				3.00	
−3.00				3.00			
−4.00				4.00			
−5.00				5.00			

3. 仿照步骤 2 测铁氧体的磁化曲线和动态磁滞回线,自行设计实验表格

【数据处理】

由(3.9-5)式、(3.9-6)式计算 H 和 B 的值。两种实验样品和实验装置参量如下。

铁氧体(样品 1):$L = 0.130$ m,$S = 1.25 \times 10^{-4}$ m²,$N_1 = 80$,$N_2 = 120$。

硅钢片(样品 2):$L = 0.770$ m,$S = 1.25 \times 10^{-4}$ m²,$N_1 = 80$,$N_2 = 120$。

R_1、R_2 根据仪器面板上的选择值计算,$C = 1.0 \times 10^{-6}$ F。其中,L 为实验样品的平均磁路长度;S 为实验样品截面积;N_1 为励磁线圈匝数;N_2 为测量线圈匝数;R_1 为磁化电流采样电阻,单位为 Ω;R_2 为积分电阻,单位为 $k\Omega$;C 为积分电容,单位为 F。S_x 为示波器 x 轴灵敏度,单位为 V/div;S_y 为示波器 y 轴灵敏度,单位为 V/div。

由表 3.9-1 作出硅钢片的磁化曲线图,由表 3.9-2 作出硅钢片的磁滞回线图。通过磁滞回线图和表 3.9-2 确定饱和磁感应强度、剩磁、矫顽力。显然,y 最大值对应饱和磁感应强度 B_m,$x = 0$ 时的 y 值对应剩磁 B_r,$y = 0$ 时的 x 值对应矫顽力 H_c。

【注意事项】

(1)仪器使用前应预热 10 min,并检查仪器状态是否正常。

(2)仪器采用开放式设计,使用时要正确接线,不要让功率信号源短路,以防损坏。仪器使用完毕后应关闭电源。

(3)测量磁滞回线时,H 的幅度只要够大就行,工作电流过大会引起额外的噪声和发热,并可能损坏仪器。观测磁滞回线时,应随时调节好示波器的 x 轴和 y 轴灵敏度。调节信号源输出幅度时,出现适当的饱和就行,否则调节出的磁滞回线图形会失真或变形。

(4)仪器的开关和旋钮较多,应适当用力,勿粗暴使用。

【思考与讨论】

(1)什么是基本磁化曲线?它与起始磁化曲线有什么区别?

(2)示波器上读出的 U_x 与 U_y 和磁场强度与磁感应强度有什么关系?

(3)我国是稀土资源大国,稀土永磁材料是稀土元素的重要应用之一。通过本实验的学习,大致画出稀土永磁材料的磁滞回线。

实验十　新型十一线电位差计实验

电位差计是通过与标准电源的电压进行比较来测定未知微电动势的仪器。在实际测量时,由于采用了补偿法,电路中通过的电流为零,因此测量准确度非常高。虽然随着科学技术的进步,高内阻、高灵敏度的仪表不断出现,在许多测量场合都可以由新型仪表逐步取代电位差计,但是电位差计仍然是一种经典的测量仪器,补偿法仍然是一种十分经典的实验方法和测量手段。

电位差计被广泛应用在计量和其他精密测量中,如可以测量电流、电阻、电压、电功率等,还可以校准电表,配合传感器使用,也可以测量很多非电学量。因此,电位差计是一种使用非常广泛的测量仪器。

【课前预习】

（1）电动势的概念,电动势和电压的关系。

（2）如何设计电动势连续可变的电源?

【实验目的】

（1）学习补偿法在实验中的应用。

（2）掌握电位差计的结构、工作原理及其测量的基本方法。

（3）练习使用电位差计测量干电池的电动势。

【实验仪器】

ZC1523型直流电位差计实验仪（图 3.10-1）、ZC1523 新型十一线电位差计（图 3.10-2）、干电池等。

主要技术参量如下。

（1）直流稳压电源:0~4.5 V 连续可调,最大电压为 5 V。自带限流装置,最大电流为 50 mA,稳定度 $\leqslant 3\times10^{-4}$ mA/min。

（2）标准电动势:1.018 6 V,精度为±0.01%,恒温自动补偿。

（3）数字式检流计:10^{-4},10^{-6},10^{-8},10^{-9}四挡(单位为 A),灵敏度可调。

（4）电阻箱:规格为(0~10)×(1 000+100+10+1) Ω,精度为±0.1%。

（5）两个待测电动势:一个是一号电池盒的电动势,另一个是内附分压箱的0~2.1 V十一挡可调的电动势。

（6）十根电阻丝绕在有机玻璃棒上,排列在透明机箱内,彼此串联,每根电阻丝的长度约为 1 m,电阻为 10 Ω;第十一根电阻丝绕在可旋转的电阻盘上,刻度等分为 100 格,利用游标,可以精确到 1 mm;串联总电阻为 110 Ω。调节 C 接点,长度调节范围:0~10.00 m,调节步长为 1.00 m。调节 D 接点,长度调节范围:0~1 000 mm,调节步长为 1 mm(配合刻度盘游标)。

（7）整机测量精确度:0.2% · U_x±1 mV。

【实验原理】

1. 补偿法原理

补偿法是一种准确测量电动势(电压)的有效方法。如图 3.10-3 所示,设 E_0 为一连

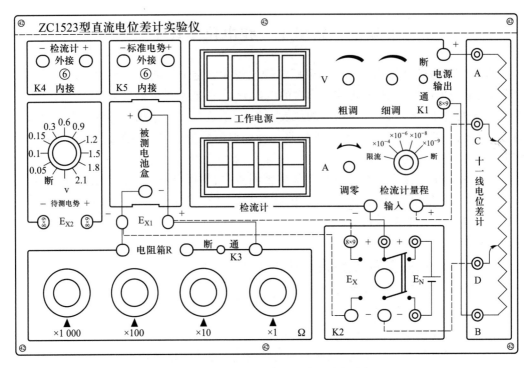

图 3.10-1　ZC1523 型直流电位差计实验仪

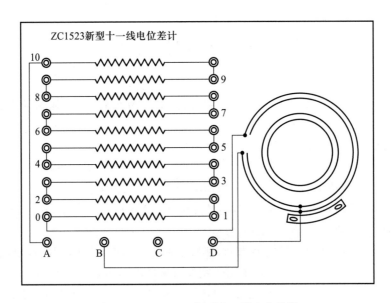

图 3.10-2　ZC1523 新型十一线电位差计

续可调的标准电源电动势(电压),而 E_x 为待测电动势,调节 E_0 使检流计 G 示零(即回路电流 $I=0$),则 $E_x=E_0$。上述过程的实质是,不断地用已知标准电动势(电压)与待测的电动势(电压)进行比较,当检流计指示电路中的电流为零时,电路达到平衡补偿状态,此时被测电动势与标准电动势相等,这种方法

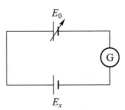

图 3.10-3　补偿法原理图

称为补偿法。

2. ZC1523 新型十一线电位差计测量原理

如图 3.10-4 所示,E_x 为待测电动势,E_N 为标准电动势。可调工作电源 E 与长度为 L 的电阻丝 AB 串联,工作电流 I_P 在电阻丝 AB 上产生电位差。触点 D 用于调节刻度盘对应的阻值,C 可在电阻丝上 0—10 的电阻插孔中任意选取所需阻值,因此可得到随之改变的电位差 U_{CD}。

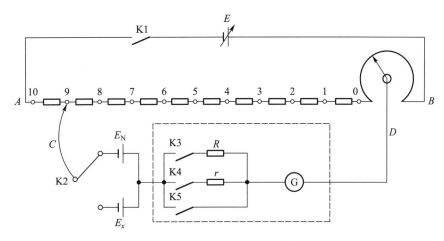

图 3.10-4 ZC1523 新型十一线电位差计电路图

闭合 K1、K3,K2 向上合到 E_N 处,调节可调工作电源 E,改变工作电流 I_P 或改变触点 C、D 位置,可使检流计 G 指零,此时 U_{CD} 与 E_N 达到补偿状态。

$$E_N = U_{CD} = I_P r_0 L_{CD} = A L_S \qquad (3.10-1)$$

式中,r_0 为单位长度电阻丝的电阻,L_S 为电阻丝 CD 段的长度,A 为单位长度电阻丝上的电位差。

工作电流 I_P 保持不变,K2 向下合到 E_x 处,即用 E_x 代替 E_N,调节触点 C、D 的位置,使电路再次达到补偿,此时若电阻丝长度为 L_x,则有

$$E_x = I_P r_0 L_x = A L_x \qquad (3.10-2)$$

为了实验方便,一般选定单位长度电阻丝上的电位差 A 为一简单的数字,比如 0.1 V/m,并根据标准电动势 E_N,由 $E_N = A L_S$ 计算出 L_S。然后将触点 C 和 D 移至 L_S 的长度位置上,调节可调工作电源,改变工作电流 I_P 使电路补偿,此时单位长度电阻丝上的电位差 A 等于选定值。这一步骤称为工作电流标准化,或称为电位差计定标,A 称为标准化系数,单位为 V/m。定标后,测量 E_x 时,只要测得 L_x(即 CD 长度),就可求出 E_x。

【实验内容】

1. 连接

将十一线电位差计按标记连接至电位差计实验仪,电源电压粗调至 1.1 V。

2. 校准(定标)

闭合电源开关,将开关 K2 拨向标准电动势 E_N 侧,取 L_S 为一预定值(对应标准电动势 $E_N = 1.018\ 6$ V),按 $A = 0.10$ V/m 来校准,则

$$L_S = \frac{1.018\ 6\ \text{V}}{0.1\ \text{V/m}} = 10.186\ \text{m}$$

调节电源电压微调旋钮使检流计 G 示数为零,为了使结果更加准确,可以先把检流计的灵敏度调至 10^{-4} A 挡,调零后再将灵敏度调至 10^{-8} A 挡,再次调零。

3. 测量

(1)测内置电源电动势。

① 测 0~0.9 V 待测电动势。将开关 K2 拨向未知电动势 E_x 一侧,保持工作电压不变,调节 C 和 D 的位置,使检流计示零,记录 CD 之间的电阻丝长度 L_x,则 $E_x = AL_x$。(检流计调零时均先把检流计的灵敏度调至 10^{-4} A 挡,调零后再将灵敏度调至 10^{-8} A 挡,再次调零。)

② 由于电源电动势约为 1.1 V,所以此时只能测量 1.1 V 以下的电动势。为了测量较大的电动势,可将电源电动势调至 2.2 V,为了便于计算,使 $A' = 0.20$ V/m,则 $L_S = 5.09\ 3$ m,重复校准步骤。

③ 测 1.2~2.1 V 待测电动势。将开关 K2 拨向未知电动势 E_x 一侧,调节 C 和 D 的位置,使检流计示零,记录 CD 之间的电阻丝长度 L_x,此时 $E_x = A'L_x$。

(2)测干电池电动势。先把检流计灵敏度调到低挡,根据干电池的新旧程度,估计一下电动势并大致把 L_{CD} 设置好,接着把开关 K2 向下合,通过调节 L_{CD} 的长度,使检流计指零,最后可根据 L_{CD} 的长度,得到待测电动势 $E_x = (0.2\ \text{V/m})L_{CD}$。

(3)测干电池内阻。把电阻箱 R 调到不同阻值,如取 $R' = 100\ \Omega$,闭合 K4,再次测定电动势(这时候测得的已经不是干电池的电动势,而是路端电压 E'),根据公式计算可得干电池的内阻:

$$r = \frac{E_x - E'}{I} = \frac{E_x - E'}{E'}R'$$

【数据处理】

(1)测量内置电源电动势。根据内置电源电动势的近似值,记录检流计示数为零时的 CD 间的电阻丝长度 L_x,填入表格,并计算电动势的精确值。

(2)测量并计算干电池的电动势和内阻,填入表格。

【注意事项】

(1)仪器采用开放式设计,使用时要正确接线,不要让功率信号源短路,以防损坏。

(2)标准电源作为标准元件,不能长时间接入电路,只在观察电位差计是否平衡的瞬间才可以闭合开关,观察后要立即断开开关。

【思考与讨论】

该实验产生不确定度的因素有哪些?

实验十一 RLC 电路稳态特性的研究

电阻、电容、电感这三种元件是组成各种电路的最基本的元件。它们的电学特性各异,却又有共性,对交流电路都存在电抗。通过本实验,我们能初步掌握它们的电学性能,并且能理解并应用由它们组合而形成的 RLC 电路。

电容、电感元件在交流电路中的容抗和感抗是随着电源频率的改变而变化的。将正弦交流电压加到电阻、电容和电感组成的电路中时,各元件上的电压及相位会随之变化,这称为电路的稳态特性;将一个阶跃电压加到 RLC 元件组成的电路中时,电路的状态会由一个平衡态转变到另一个平衡态,各元件上的电压会出现有规律的变化,这称为电路的暂态特性。

【课前预习】

(1)知道容抗、感抗、阻抗的概念。

(2)了解电阻、电容、电感这三种元件在交流电路中的电流、电压特性。

【实验目的】

(1)观测 RC 和 RL 串联电路的幅频特性和相频特性。

(2)了解 RLC 串联、并联电路的相频特性和幅频特性。

(3)观察和研究 RLC 电路的串联谐振和并联谐振现象。

【实验仪器】

ZC1502 型 RLC 电路实验仪、双踪示波器。

【实验原理】

1. RC 串联电路的稳态特性

(1)RC 串联电路的频率特性。在图 3.11-1 所示电路中,有以下关系式:

$$I = \frac{U}{\sqrt{R^2 + \left(\frac{1}{\omega C}\right)^2}} \tag{3.11-1}$$

$$U_R = IR, U_C = \frac{1}{\omega C} \tag{3.11-2}$$

$$\varphi = -\arctan \frac{1}{\omega CR} \tag{3.11-3}$$

其中,ω 为交流电源的角频率,U 为交流电源的电压有效值,φ 为电流和电源电压的相位差,它与角频率 ω 的关系见图 3.11-2。可见,当 ω 增加时,I 和 U_R 增加,而 U_C 减小。当 ω 很小时,$\varphi \rightarrow -\frac{\pi}{2}$;当 ω 很大时,$\varphi \rightarrow 0$。

(2)RC 低通滤波电路。RC 低通滤波电路如图 3.11-3 所示,其中 u_i 为输入电压,u_o 为输出电压,则有

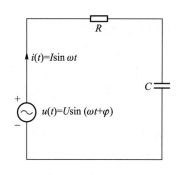

图 3.11-1　RC 串联电路

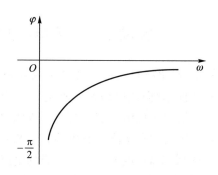

图 3.11-2　RC 串联电路的相频特性

$$\frac{u_o}{u_i} = \frac{1}{1 + j\omega RC} \qquad (3.11-4)$$

上式是一个复数,其模为

$$\left|\frac{u_o}{u_i}\right| = \frac{1}{\sqrt{1 + (\omega RC)^2}} \qquad (3.11-5)$$

设 $\omega_0 = \dfrac{1}{RC}$,则由上式可知:

当 $\omega = 0$ 时, $\left|\dfrac{u_o}{u_i}\right| = 1$;

当 $\omega = \omega_0$ 时, $\left|\dfrac{u_o}{u_i}\right| = \dfrac{1}{\sqrt{2}}$;

当 $\omega \to \infty$ 时, $\left|\dfrac{u_o}{u_i}\right| = 0$。

可见, $\left|\dfrac{u_o}{u_i}\right|$ 随 ω 的变化而变化,并且当 $\omega < \omega_0$ 时, $\left|\dfrac{u_o}{u_i}\right|$ 变化较小;当 $\omega > \omega_0$ 时, $\left|\dfrac{u_o}{u_i}\right|$ 明显下降。这就是低通滤波电路的工作原理,它使较低频率的信号容易通过,而阻止较高频率的信号通过。

（3）RC 高通滤波电路。RC 高通滤波电路如图 3.11-4 所示,由图分析可知

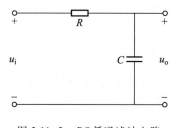

图 3.11-3　RC 低通滤波电路

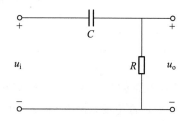

图 3.11-4　RC 高通滤波电路

$$\left| \frac{u_o}{u_i} \right| = \frac{1}{\sqrt{1 + \left(\dfrac{1}{\omega RC} \right)^2}} \qquad (3.11-6)$$

同样设 $\omega_0 = \dfrac{1}{RC}$，则可知：

当 $\omega = 0$ 时，$\left| \dfrac{u_o}{u_i} \right| = 0$；

当 $\omega = \omega_0$ 时，$\left| \dfrac{u_o}{u_i} \right| = \dfrac{1}{\sqrt{2}}$；

当 $\omega \to \infty$ 时，$\left| \dfrac{u_o}{u_i} \right| = 1$。

可见，该电路的特性与低通滤波电路相反，它对低频信号的衰减较大，而高频信号容易通过，衰减很小，通常称为高通滤波电路。

2. RL 串联电路的稳态特性

RL 串联电路如图 3.11-5 所示，电路中 I、U、U_R、U_L 有以下关系：

$$I = \frac{U}{\sqrt{R^2 + \left(\dfrac{1}{\omega L} \right)^2}} \qquad (3.11-7)$$

$$U_R = IR, U_L = I\omega L \qquad (3.11-8)$$

$$\varphi = \arctan \frac{\omega L}{R} \qquad (3.11-9)$$

可见，RL 电路的幅频特性与 RC 电路相反，当 ω 增加时，I、U_R 减小，U_L 增大。它的相频特性见图 3.11-6。由图可知，当 ω 很小时，$\varphi \to 0$；当 ω 很大时，$\varphi \to \dfrac{\pi}{2}$。

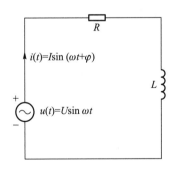

图 3.11-5 RL 串联电路

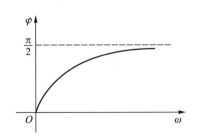

图 3.11-6 RL 串联电路的相频特性

3. RLC 电路的稳态特性

在电路中，如果同时存在电感和电容元件，那么在一定条件下会产生某种特殊状态，能量会在电感和电容元件中产生交换，称之为谐振现象。

（1）RLC 串联电路。在如图 3.11-7 所示电路中，电路的总阻抗 $|Z|$、电压 U 和电流 I 之间有以下关系：

$$|Z| = \sqrt{R^2 + \left(\omega L - \frac{1}{\omega C}\right)^2} \qquad (3.11-10)$$

$$I = \frac{U}{\sqrt{R^2 + \left(\omega L - \frac{1}{\omega C}\right)^2}} \qquad (3.11-11)$$

$$\varphi = \arctan \frac{\omega L - \frac{1}{\omega C}}{R} \qquad (3.11-12)$$

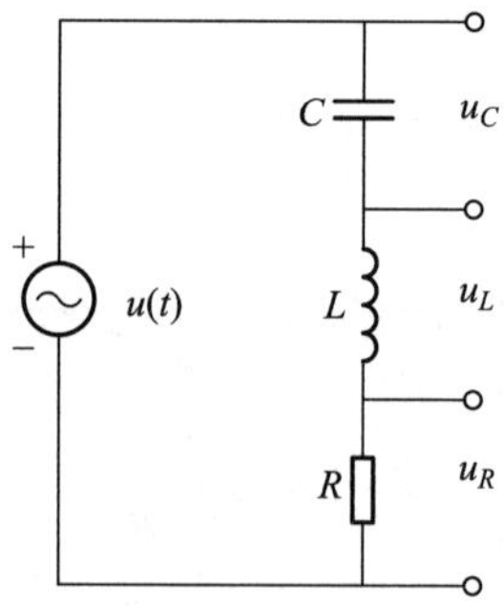

其中，ω 为角频率，可见以上参量均与 ω 有关，它们与频率的关系统称为频响特性。

图 3.11-7 RLC 串联电路

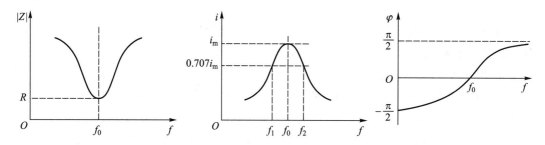

图 3.11-8 RLC 串联电路的阻抗特性、幅频特性、相频特性

由图 3.11-8 可知，在频率 f_0 处阻抗 $|Z|$ 最小，且整个电路呈纯电阻性，而电流 i 达到最大值，称 f_0 为 RLC 串联电路的谐振频率（ω_0 为谐振角频率）。由图 3.11-8 还可知，在 $f_1 \sim f_2$ 的频率范围内 i 值较大，称之为通频带。

（2）RLC 并联电路。RLC 并联电路如图 3.11-9 所示，满足

$$|Z| = \sqrt{\frac{R^2 + (\omega L)^2}{(1 - \omega^2 LC)^2 + (\omega RC)^2}} \qquad (3.11-13)$$

$$\varphi = \arctan \frac{\omega L - \omega C[R^2 + (\omega L)^2]}{R} \qquad (3.11-14)$$

可以求得并联谐振角频率为

$$\omega_0 = 2\pi f_0 = \sqrt{\frac{1}{LC} - \left(\frac{R}{L}\right)^2} \qquad (3.11-15)$$

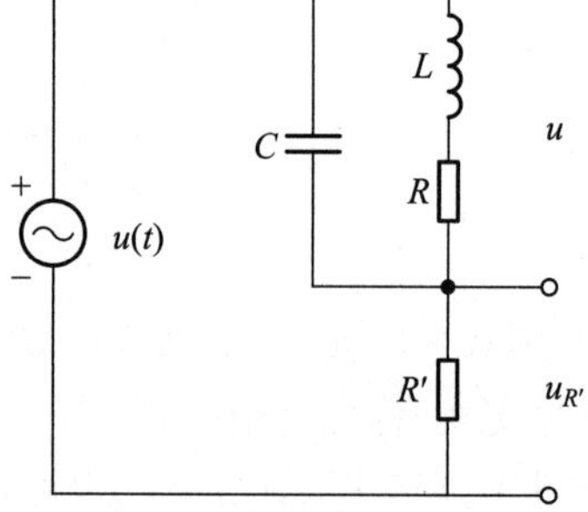

图 3.11-9 RLC 并联电路

可见,并联谐振频率与串联谐振频率不相等。图 3.11-10 给出了 RLC 并联电路的阻抗特性、幅频特性和相频特性。

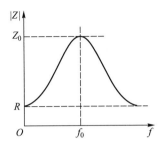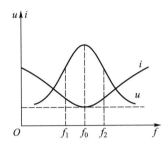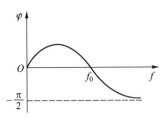

图 3.11-10　RLC 并联电路的阻抗特性、幅频特性、相频特性

由以上分析可知,RLC 串联、并联电路对交流信号具有选频特性,在谐振频率附近,有较大的信号输出,其他频率的信号则被衰减。这在通信领域,特别是高频电路中得到了非常广泛的应用。

【实验内容】

1. RC 串联电路的稳态特性

(1) RC 串联电路的幅频特性。按图 3.11-1 连接电路,选择正弦波信号,电源信号的幅值取为 4 V,取 $C = 0.1$ μF,$R = 1$ kΩ,也可根据实际情况自选 R、C 参量。改变电源频率,分别用示波器测量不同频率时的 U_R、U_C,将结果填入表中。

(2) RC 串联电路的相频特性。将信号源电压 U 和电阻电压 U_R 分别接至示波器的两个通道,可取 $C = 0.1$ μF,$R = 1$ kΩ(也可自选)。从低到高调节信号源频率,观察示波器上两个波形的相位变化情况,可用李萨如图形观测,并记录不同频率时的相位差。

2. RL 串联电路的稳态特性

按图 3.11-5 连接电路,选择正弦波信号,电源信号的幅值取为 4 V,可选 $L = 10$ mH,$R = 30$ Ω,也可自行确定。改变电源频率,分别用示波器测量不同频率时的 U_R、U_L,将结果填入表中。

3. RLC 串联电路的稳态特性

自选合适的 L 值、C 值和 R 值,用示波器的两个通道测信号源电压 U 和电阻电压 U_R。注意:两通道的公共线是相通的,接入电路中时,它们应在同一点上,否则会造成短路。

(1) 幅频特性。按图 3.11-7 连接电路,选择正弦波信号,保持信号源电压 U 不变(可取 $U = 4$ V),可取 $C = 0.1$ μF,$R = 1$ kΩ,$L = 10$ mH(也可自选)。估算谐振频率,以选择合适的正弦波频率范围。从低到高调节频率,当 U_R 为最大时的频率即谐振频率,记录不同频率时的 U_R、U_L 和 U_C,将结果填入表中。

(2) 相频特性。用示波的双通道观测 U 和 U_R 的相位差。U_R 的相位与电路中电流的相位相同,观测在不同频率下的相位变化,记录某一频率时的相位差。

【数据处理】

(1) 根据测量结果作 RC 串联电路的幅频特性和相频特性图。

（2）根据测量结果作 *RL* 串联电路的幅频特性和相频特性图。

（3）根据测量结果作 *RLC* 串联电路的幅频特性和相频特性图。

【注意事项】

（1）仪器使用前应预热 10~15 min，并避免周围有强磁场源或磁性物质。

（2）仪器采用开放式设计，使用时要正确接线，不要让功率信号源短路，以防损坏。仪器使用完毕后应关闭电源。

（3）仪器的开关和旋钮较多，应适当用力，勿粗暴使用。

实验十二　霍 耳 效 应

霍耳效应是一种电磁效应,由美国物理学家霍耳于 1879 年在研究金属导电机制时发现。处于匀强磁场中的板状金属导体,通以垂直于磁场方向的电流时,在金属板的上、下两表面间会产生一个横向电势差,该电势差称为霍耳电势差,这一现象称为霍耳效应。研究发现,霍耳效应不仅可以在金属导体中产生,在半导体或导体中同样也能产生,且半导体中的霍耳效应更加显著。利用该效应的霍耳器件已经广泛应用于非电学量电测、自动控制和信息处理等方面。霍耳效应及其元件在磁场研究中同样扮演重要角色,利用其观测磁场更加直观、效果更加明显、灵敏度更高。

【课前预习】

（1）什么叫霍耳效应?

（2）怎样判断载流子的正负?

（3）霍耳电势差的测量方法。

（4）磁场的测量方法。

（5）判断霍耳元件的类型。

【实验目的】

（1）观察霍耳效应现象。

（2）了解应用霍耳效应测量磁场的方法。

（3）用霍耳效应测试仪测定螺线管轴线上的磁场。

【实验仪器】

霍耳效应测试仪、待测螺线管、导线。

【实验原理】

1. 霍耳效应

当电流通过一块由导体或半导体制成的薄片时,载流子（即电荷携带者）的漂移运动方向和它所带电荷的正负有关。若载流子带正电荷,则它的漂移运动方向即电流方向;若载流子带负电荷,则它的漂移运动方向与电流方向相反。

将这种通有电流的半导体薄片置于磁场中,并使薄片平面垂直于磁场方向,如图 3.12-1所示,由于洛伦兹力的作用,载流子将向薄片侧边积聚。若载流子带正电荷,则它将受到沿 x 轴方向的磁场力 $\boldsymbol{F}_m$ 作用,如图 3.12-2(a)所示,导致 A 侧有正电荷积累,从而在两侧产生电势差,且图中 A 点电势比 B 点高;若载流子带负电荷,如图 3.12-2(b)所示,磁场作用力 $\boldsymbol{F}_m$ 的方向仍沿 x 轴方向,则薄片的 A 侧将有负电荷积聚,使图中 A 点电势比 B 点低。这种当电流垂直于外磁场方向通过导体或半导体时,在垂直于电流和磁场的方向,物体两侧产生电势差的现象称为霍耳效应,出现的横向电势差称为霍耳电势差。

当电流方向一定时,薄片中载流子的电荷符号决定了 A、B 两侧的电荷符号,同时决定了 A、B 两点之间横向电势差的符号。因此,通过 A、B 两点之间电势差的测定,可以判断薄片中的载流子究竟是带正电荷还是带负电荷。实验证实,大多数金属导体中的载流

123

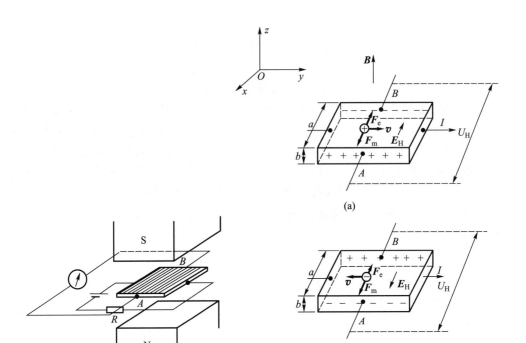

图 3.12-1　通电半导体薄片置于磁场中　　　　图 3.12-2　带电粒子受力图

子带负电荷(即电子)。半导体有两种,其中载流子带正电荷(即空穴)的称为 P 型半导体,而载流子带负电荷(即电子)的称为 N 型半导体。

2. 霍耳电势差和磁场测量

在霍耳效应中,电荷量为 q,垂直于磁场 $\boldsymbol{B}$ 运动且漂移速度为 $\boldsymbol{v}$ 的载流子,一方面受到磁场力

$$F_{\mathrm{m}} = qvB \tag{3.12-1}$$

的作用,向某一侧面积聚;另一方面,在侧面上积聚的电荷将在薄片中形成横向电场 $\boldsymbol{E}_{\mathrm{H}}$,使载流子又受到电场力

$$F_{\mathrm{e}} = qE_{\mathrm{H}} \tag{3.12-2}$$

的作用。电场力 $\boldsymbol{F}_{\mathrm{e}}$ 的方向与磁场力 $\boldsymbol{F}_{\mathrm{m}}$ 的方向恰好相反,它将阻碍电荷向侧面继续积聚,因此载流子在薄片侧面的积聚不会无限地进行下去。在开始阶段,电场力比磁场力小,电荷将继续向侧面积聚,随着积聚电荷的增加,电场不断增强,直到载流子所受电场力与磁场力相等,即

$$F_{\mathrm{m}} = F_{\mathrm{e}}$$

时,达到一种平衡状态,载流子不再继续向侧面积聚。此时薄片中的横向电场强度为

$$E_{\mathrm{H}} = \frac{F_{\mathrm{e}}}{q} = \frac{F_{\mathrm{m}}}{q} = vB$$

设薄片宽度为 a,则横向电场在 A、B 两点间产生的电势差为

$$U_{\mathrm{H}} = E_{\mathrm{H}}a = vBa \tag{3.12-3}$$

因为

$$I = jab, \quad j = qnv$$

所以

$$v = \frac{I}{nqab} \tag{3.12-4}$$

式中 n 为载流子数密度,j 为电流密度,故

$$E_H = \frac{IB}{nqab} \tag{3.12-5}$$

所以霍耳电势差为

$$U_H = E_H a = \frac{IB}{nqb} \tag{3.12-6}$$

令

$$R_H = \frac{1}{nq}$$

为霍耳系数,则

$$U_H = R_H \frac{IB}{b}$$

所以霍耳系数为

$$R_H = \frac{U_H b}{IB} \tag{3.12-7}$$

由(3.12-6)式、(3.12-7)式可得出以下结论:

(1) 若载流子为电子,则霍耳系数为负,$U_H < 0$;若载流子为空穴,则霍耳系数为正,$U_H > 0$。若实验中能测得电流 I、磁感应强度 B、霍耳电势差 U_H、样品厚度 b,则可求出霍耳系数 R_H。根据 R_H 的正负可以判别半导体样品的类型,N 型样品的 $R_H < 0$,P 型样品的 $R_H > 0$。

(2) 霍耳电势差 U_H 与载流子数密度 n 成反比,薄片材料的载流子数密度 n 越大(霍耳系数 R_H 越小),霍耳电势差 U_H 就越小。一般金属中的载流子是自由电子,其数密度很大(约 $10^{22}/\text{cm}^3$),所以金属材料的霍耳系数很小,霍耳效应不显著。但半导体材料的载流子数密度要比金属小得多,能够产生较大的霍耳电势差,从而使霍耳效应有了实用价值。

(3) 根据 $R_H = \frac{1}{nq} = \frac{U_H b}{IB}$ 可得

$$n = \frac{IB}{U_H bq} \tag{3.12-8}$$

如果知道 U_H、I、B(由实验测得)、b(由实验室给出),就可确定该材料的载流子数密度。用这种方法也可研究载流子数密度随温度的变化规律。

(4) 对于确定的样品(a、b、q 一定),如果通过它的电流 I 维持不变,则由霍耳电势差和磁感应强度成正比,我们可以从测得的 U_H 值求得外磁场的磁感应强度。因此霍耳片可用来制作测量磁场的仪器,即特斯拉计。从(3.12-6)式可知

$$U_H = \left(\frac{1}{nqb}\right)(IB) \tag{3.12-9}$$

令

$$K_{\mathrm{H}} = \frac{1}{nqb} \tag{3.12-10}$$

则

$$U_{\mathrm{H}} = K_{\mathrm{H}}IB \tag{3.12-11}$$

K_{H} 称为霍耳灵敏度,它决定了 I、B 一定时霍耳电势差的大小,其值由材料的性质及元件的尺寸决定,对一定的元件,K_{H} 是常量,单位为 $\mathrm{V/(A \cdot T)}$,n 和 b 小的元件的 K_{H} 较高。式(3.12-11)说明,对于 K_{H} 确定的元件,当电流 I 一定时,霍耳电势差 U_{H} 与该处的磁感应强度 B 成正比,因此可以通过测量霍耳电势差 U_{H} 间接测出磁感应强度 B,即

$$B = \frac{U_{\mathrm{H}}}{K_{\mathrm{H}}I} \tag{3.12-12}$$

以上的讨论和结果都是在磁场与电流方向垂直的条件下进行的,这时霍耳电势差最大。因此测量时应转动霍耳片,使霍耳片平面与被测磁感应强度 B 的方向垂直,这样才能得到正确的结果。但测得的电势差除霍耳电势差外还包括其他附加电势差,例如,由于霍耳电极位置不在同一等势面而引起的电势差 U_0,U_0 称为不等位电势差,它的符号随电流方向而变,与磁场无关。另外还有几种副效应引起的附加电势差(详见附记)。由于这些电势差的符号与磁场、电流方向有关,因此在测量时改变磁场、电流方向就可以减少或消除这些附加误差,故分别在 $(+B, +I)$、$(+B, -I)$、$(-B, +I)$、$(-B, -I)$ 四种条件下进行测量,测量得到的 U_{H} 均取正值(坐标值大于 14 cm 时,要按原顺序保留符号)。

【实验内容】

1. 确定样品的类型

(1)按图 3.12-3 连线,工作电流设为 10.00 mA,励磁电流设为 1 000 mA。

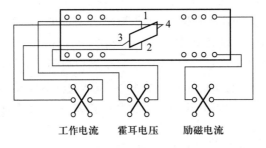

图 3.12-3　用霍耳效应测定螺线管磁场接线图

(2)根据螺线管缠绕方向和励磁电流的方向,用右手螺旋定则判断 B 的方向;由工作电流 I 的方向判断载流子的运动速度 v 的方向;由霍耳元件内载流子受到的洛伦兹力的方向判断样品的 1、2 面积累的电荷的正负,也就是判断 1、2 面电势的高低,用测得的霍耳电势差 U_{H} 的正负和前面判断的 1、2 面电势的高低进行比较,就能判断出霍耳元件的载流子带电符号。根据载流子带电符号的正负,确定本台仪器样品是 P 型半导体还是 N 型半导体。

2. 测螺线管轴线上的磁感应强度

保持工作电流 I 和励磁电流不变,调坐标 $x = 0$,按顺序将 I 和 B 换向,分别测出 U_{H} 值,记在表 3.12-1 内。

表 3.12-1 测螺线管轴线上的磁感应强度 $[K_H = \underline{\qquad} \text{mV}/(\text{mA} \cdot \text{T}), l = 280 \text{ mm}, N = 2\,800]$

x/cm	0.00	2.00	4.00	6.00	8.00	10.00	11.00	12.00	12.50
$+I, +B$									
$-I, +B$									
$-I, -B$									
$+I, -B$									
U_H/mV									
B/T									
x/cm	13.00	13.50	14.00	14.50	15.00	15.50	16.00	16.50	17.00
$+I, +B$									
$-I, +B$									
$-I, -B$									
$+I, -B$									
U_H/mV									
B/T									

【数据处理】

（1）以 x 为横坐标，B 为纵坐标，用坐标纸作出 B-x 曲线。

（2）以离开螺线管中心的距离 x 为横坐标，根据理论推导，螺线管轴线上任一点的磁感应强度为

$$B = \frac{\mu_0}{4\pi} 2\pi n I(\cos\beta_1 - \cos\beta_2) = \frac{\mu_0}{2} n I(\cos\beta_1 - \cos\beta_2) \qquad (3.12\text{-}13)$$

$$\cos\beta_1 = \frac{x + \dfrac{l}{2}}{\sqrt{R^2 + \left(x + \dfrac{l}{2}\right)^2}}, \cos\beta_2 = \frac{x - \dfrac{l}{2}}{\sqrt{R^2 + \left(x - \dfrac{l}{2}\right)^2}}$$

可以得到

$$B = \frac{\mu_0 n I}{2}\left[\frac{x + \dfrac{l}{2}}{\sqrt{R^2 + \left(x + \dfrac{l}{2}\right)^2}} - \frac{x - \dfrac{l}{2}}{\sqrt{R^2 + \left(x - \dfrac{l}{2}\right)^2}}\right] \qquad (3.12\text{-}14)$$

式中，$\mu_0 = 4\pi \times 10^{-7} \text{ N} \cdot \text{A}^{-2}$ 为真空磁导率，$n(=N/l)$ 为单位长度螺线管的匝数，$I = 1\,000 \text{ mA}$

为励磁电流。当 $x=0$ 时,

$$B = B_0 = \frac{\mu_0 nI}{2} \frac{l}{\sqrt{R^2 + \left(\dfrac{l}{2}\right)^2}} \qquad (3.12-15)$$

可用(3.12−15)式计算 $B_{0理论}$,用(3.12−14)式计算 $B_{14理论}$。

(3) 将 $B_{0理论}$、$B_{14理论}$ 的值与 B_0、B_{14} 的值(表 3.12−1 中的值)进行比较,计算相对不确定度 $E(B_0)$ 和 $E(B_{14})$。

【注意事项】

(1) 霍耳元件是易损坏元件,应避免霍耳元件进出螺线管口时发生碰撞而损坏。

(2) 记录数据时,为了不使螺线管过热,应断开励磁电流的换向开关。

(3) 测完数据后,应把霍耳元件旋回"0"处,再把盖子盖上。

【思考题】

(1) 什么叫霍耳效应?为什么此效应在半导体中特别显著?

(2) 怎样确定载流子电荷的正负?

(3) 怎样利用霍耳效应测定磁场?

(4) 如何测定霍耳灵敏度?

(5) 用霍耳片测螺线管内磁场时,怎样消除地球磁场的影响?

(6) 如何判断磁场 B 的方向与霍耳片的法线方向是否一致?这对实验有何影响?

(7) 利用霍耳效应能测量交变磁场吗?画出线路图并写出测量方法。

(8) 试分析用霍耳效应测磁场的误差来源。

(9) 利用霍耳片能测间隙磁场吗?它对霍耳片的尺寸与在磁场之中放置的位置有何要求?

【附记】

在测量霍耳电势差 U_H 时,不可避免地会产生一些副效应,由这些副效应产生的附加电势差叠加在霍耳电势差上,形成了测量中的系统误差。

1. 不等位电势差 U_0

由于在制作样品时,很难将电势电极(A、B)焊在同一等势面上,所以当电流流过样品时,即使不加磁场,在电势电极 A 和 B 间也会产生一电势差:

$$U_0 = IR$$

R 是沿 x 轴方向 A、B 间的电阻。这种电势差称为不等位电势差,它显然只与电流有关,而与磁场无关。

2. 埃廷斯豪森效应

当样品的 x 轴方向通以电流,z 轴方向加一磁场时,由于霍耳片内部的载流子速度服从统计分布,有快有慢,所以在磁场的作用下,慢速的载流子与快速的载流子将在洛伦兹力和霍耳电场的共同作用下沿 y 轴向相反的两侧偏转。向两侧偏转的载流子的动能将转化为热能,使两侧的温升不同,因而造成在 y 轴方向上两侧的温度差($T_A - T_B$)。因为霍耳电极和样品两者材料不同,所以电极和样品就形成温差电偶,这一温度差在 A、B 间就产生温差电动势 U_E,且

$$U_E \propto IB$$

U_E 的正负和大小与 I、B 的方向和大小有关。这一效应称为埃廷斯豪森效应。

3. 能斯特效应

由于两个电极与霍耳样品的接触电阻不同，所以样品电流在两电极处将产生不同的焦耳热，引起两电极间的温差电动势，此电动势又产生温差电流（称为热电流）Q，热电流在磁场的作用下将发生偏转，结果在 y 轴方向上产生附加的电势差 U_N，且

$$U_N \propto QB$$

这一效应称为能斯特效应。

4. 里吉-勒迪克效应

以上谈到的热电流 Q 在磁场的作用下，除了在 y 轴方向产生电势差外，还将在 y 轴方向上引起样品两侧的温度差，此温度差又在 y 轴方向上产生附加温差电动势 U_R，且

$$U_R \propto IB$$

U_R 的正负只和 B 的方向有关，和 I 的方向无关。

以上四种副效应所产生的电势差总和有时甚至远大于霍耳电势差，形成测量中的系统误差，以致霍耳电势差难以测准。为了减少或消除这些效应引起的附加电势差，我们利用这些附加电势差与样品电流 I、磁场 B 的关系：

当 $(+B, +I)$ 时，

$$U_{(AB)1} = U_H + U_0 + U_E + U_N + U_R \qquad ①$$

当 $(+B, -I)$ 时，

$$U_{(AB)2} = -U_H - U_0 - U_E + U_N + U_R \qquad ②$$

当 $(-B, -I)$ 时，

$$U_{(AB)3} = U_H - U_0 + U_E - U_N - U_R \qquad ③$$

当 $(-B, +I)$ 时，

$$U_{(AB)4} = -U_H + U_0 - U_E - U_N - U_R \qquad ④$$

作运算：①-②+③-④，并取平均值，则得

$$\frac{1}{4}\left[U_{(AB)1} - U_{(AB)2} + U_{(AB)3} - U_{(AB)4} \right] = U_H + U_E \qquad (3.12\text{-}16)$$

这样，除了埃廷斯豪森效应以外，其他副效应产生的电势差全部消除了，而埃廷斯豪森效应所产生的电势差 U_E 要比 U_H 小得多。因此将实验测出的 $U_{(AB)1}$、$U_{(AB)2}$、$U_{(AB)3}$、$U_{(AB)4}$ 代入 (3.12-16) 式，即可基本消除副效应引起的系统误差。

实验十三　光的偏振特性研究

光以电磁波的形式在空间传播,它的电矢量 E 与磁矢量 H 相互垂直,且同时垂直于光的传播方向。常见的光按偏振态不同可分为线偏振光、圆偏振光、椭圆偏振光、自然光和部分偏振光。其中线偏振光、圆偏振光可视为椭圆偏振光的特例。目前偏振光的应用已遍及各个领域,利用偏振光的各种精密仪器已成为科学研究、工程设计、生产技术等领域中的极有价值的工具。

【课前预习】

（1）什么是光的偏振?

（2）什么是起偏? 什么是检偏?

（3）马吕斯定律的表达式。

【实验目的】

（1）观察光的偏振现象,掌握偏振光的产生和检验方法。

（2）验证马吕斯定律。

（3）观察线偏振光通过 $\frac{\lambda}{2}$ 片后的现象。

（4）用 $\frac{\lambda}{4}$ 片产生椭圆偏振光。

（5）观察反射光起偏,验证布儒斯特角。

【实验仪器】

半导体激光器（波长为 $\lambda = 650$ nm）、偏振片（有效直径为 $\phi = 25$ mm）、$\frac{\lambda}{2}$ 片、$\frac{\lambda}{4}$ 片、光强检测计（光电流测量范围:$0 \sim 2 \times 10^{-4}$ A,最小读数:1×10^{-10} A）、支承座。

【实验原理】

自然光可看成两个相互垂直的线偏振光的叠加,如果其中一个方向的线偏振光被去除,而只剩下另一个方向的线偏振光,则此时自然光被改造成了线偏振光,这个过程称为起偏,产生起偏作用的光学元件称为起偏器。偏振片是最简单也是最常用的偏振元件。现在广泛应用的人造偏振片是利用某种具有二向色性的物质的透明薄片制成的。它能吸收某一方向的光振动,而只让与这个方向垂直的光振动通过（实际上也有吸收,但吸收得很少）。偏振片上能通过光振动的方向称为偏振化方向,也叫透振方向（或透光轴）。

如图 3.13-1 所示,两个平行放置的偏振片 P_1、P_2,它们的偏振化方向 L_1 和 L_2 的夹角为 α。在自然光垂直入射到偏振片 P_1 后,透过的光成为线偏振光,其光矢量的振动方向平行于 P_1 的偏振化方向,透射光强度 I_1 是入射光强度 I_0 的一半。该线偏振光（设其振幅为 A_1,则 $I_1 = A_1^2$）再入射到 P_2 上,则沿 P_2 偏振化方向的振幅分量为 $A_1 \cos \alpha$（如图 3.13-2 所示）,则从 P_2 透射的线偏振光的强度为

$$I_2 = A_1^2 \cos^2 \alpha = I_1 \cos^2 \alpha \tag{3.13-1}$$

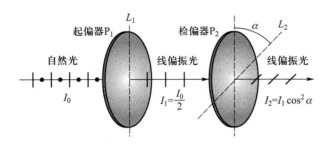
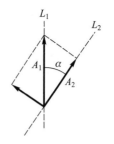

图 3.13-1　起偏器和检偏器　　　　　图 3.13-2　沿 P_2 偏振化方向的振幅分量

上式称为马吕斯定律。由上式可看出，当 $\alpha = 0°$ 或 $180°$ 时，$I_2 = I_1$，此时透射光的强度最大；当 $\alpha = 90°$ 或 $270°$ 时，$I_2 = 0$，此时透射光的强度最小，这种现象称为消光；当 α 为其他值时，透射光的强度介于二者之间。若入射到偏振片 P_2 上的光是线偏振光，则旋转 P_2 时，透射光会出现上述的光强变化；而当自然光入射到偏振片 P_2 时，旋转偏振片 P_2，光强不变，不会出现上述现象。因此，偏振片 P_2 起到了检验线偏振光的作用，称为检偏器。

【实验内容】

1. 验证马吕斯定律

验证马吕斯定律实验装置如图 3.13-3 所示。

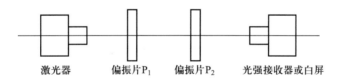

图 3.13-3　验证马吕斯定律实验装置

（1）在实验导轨上开启激光器，将激光束导入光强接收器。

在激光器与光强接收器之间放入偏振片 P_1，旋转 P_1，使光强检测计达到最大值。

（2）将偏振片 P_2 放到 P_1 之后，旋转 P_2，使光强检测计达到最大值，记录最大的光强。这时两偏振片 P_1 与 P_2 的偏振化方向应相同。

（3）缓慢转动 P_2，每隔 $10°$ 记录光强，直到 P_2 与 P_1 的偏振化方向相互垂直。

（4）将光强与偏振化方向之间的夹角的关系绘制成一幅坐标图，并以此验证马吕斯定律。

2. 观察线偏振光通过 $\frac{\lambda}{2}$ 片后的现象

观察线偏振光通过 $\frac{\lambda}{2}$ 后的现象实验装置如图 3.13-4 所示。

（1）在实验导轨上开启激光器，将激光束导入光强接收器。

（2）在激光器与光强接收器之间放入偏振片 P_1，旋转 P_1，使光强检测计达到最大值。

（3）将偏振片 P_2 放到 P_1 之后，旋转 P_2，使光强检测计达到最小值，这时两偏振片 P_1 与 P_2 的偏振化方向相互垂直。

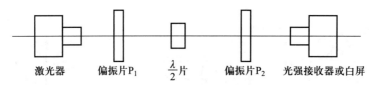

激光器　　　偏振片P₁　　$\frac{\lambda}{2}$片　　偏振片P₂　　光强接收器或白屏

图 3.13-4　观察线偏振光通过$\frac{\lambda}{2}$片后的现象实验装置

（4）在 P_1 与 P_2 之间放置$\frac{\lambda}{2}$片，旋转$\frac{\lambda}{2}$片，直到透过 P_2 的光强最小，若偏振片质量上乘，则应该可以调到完全看不到透射光，即消光。这时$\frac{\lambda}{2}$片的快轴或慢轴与 P_1 的偏振化方向平行，设此时偏振片和$\frac{\lambda}{2}$片位置对应角度为 $\theta=0°$。

（5）保持 P_1 不动。将$\frac{\lambda}{2}$片旋转 15°，破坏消光，再沿与转$\frac{\lambda}{2}$片相同的方向转 P_2 至第一次消光位置，记录 P_2 所转过的角度 θ'。

（6）继续步骤（5），依次使 $\theta=30°$、$45°$、$60°$、$75°$、$90°$，旋转 P_2 至消光位置，记录相应的角度 θ'，记入表中，从实验结果总结出规律。

3. 用$\frac{\lambda}{4}$片产生椭圆偏振光

用$\frac{\lambda}{4}$片产生椭圆偏振光实验装置如图 3.13-5 所示。

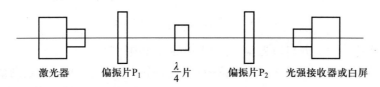

激光器　　　偏振片P₁　　$\frac{\lambda}{4}$片　　偏振片P₂　　光强接收器或白屏

图 3.13-5　用$\frac{\lambda}{4}$片产生椭圆偏振光实验装置

（1）在实验导轨上开启激光器，将激光束导入光强接收器。

（2）同实验 2，仍使偏振片 P_1 的透振方向光强最大，P_1 与 P_2 的偏振化方向相互垂直，在 P_1 和 P_2 间插入$\frac{\lambda}{4}$片，转之使消光。

（3）保持 P_1 不动，将$\frac{\lambda}{4}$片转 $\theta=15°$，然后将 P_2 转 360°，观察光强变化。

（4）继续步骤（3），依次使 $\theta=30°$、$45°$、$60°$、$75°$、$90°$，每次 P_2 转 360°，观察光强变化。根据观察结果，说明透过$\frac{\lambda}{4}$片的出射光的偏振状态。

4. 观察反射光起偏，验证布儒斯特角

观察反射光起偏，验证布儒斯特角实验装置如图 3.13-6 所示（凭你学到的知识，也可另行搭置）。

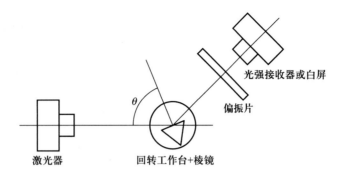

图 3.13-6　验证布儒斯特角实验装置

（1）将棱镜放置在回转工作台上，使棱镜一反射面与回转工作台台面圆心对齐。转动工作台，直至反射光与入射光重合，记录回转工作台的角度，以备之后校正使用。

（2）转动回转工作台，使棱镜转过一个角度，然后将偏振片旋转 360°，观察入射角为 θ 时反射光亮度的变化，注意是否出现消光现象。

（3）若没有出现消光现象，则应继续反复转动回转工作台，改变入射角 θ，每改变一次入射角，将偏振片旋转 360°，直到出现消光为止。

（4）读出出现消光现象时的入射角，即布儒斯特角，同时记录此时偏振片的偏振化方向的角度，据此确定反射光的偏振方向。

【数据处理】

（1）验证马吕斯定律。

（2）观察线偏振光通过 $\dfrac{\lambda}{2}$ 片后的现象。

（3）用 $\dfrac{\lambda}{4}$ 片产生椭圆偏振光。

（4）观察反射光起偏，验证布儒斯特角。

【注意事项】

在观察和讨论波片对偏振光的影响时，应准确地确定起偏器的主截面与波片的夹角。对于实际使用的波片，其光轴方向定位不够准确，应善于应用理论来指导实践。

【思考与讨论】

光强为 I 的自然光通过偏振片后，其光强 $I_0 < \dfrac{1}{2}I$，这是为什么？应用偏振片时，马吕斯定律是否适用？为什么？

实验十四　用牛顿环测量平凸透镜的曲率半径

等厚干涉在科研和生产中早已得到广泛应用。如对薄膜厚度、微小角度、曲面曲率半径等的测量;利用牛顿环对光学元件表面质量的检验;利用劈尖干涉法制作干涉膨胀计以检测物体膨胀系数,这些都是等厚干涉现象的应用实例。

【课前预习】

(1) 什么是等厚干涉?

(2) 牛顿环干涉条纹的特点是什么?

【实验目的】

(1) 观察和研究等厚干涉的现象和特点。

(2) 学习用等厚干涉法测量平凸透镜曲率半径。

(3) 熟练使用读数显微镜。

(4) 学习用逐差法处理实验数据。

【实验仪器】

读数显微镜、钠灯及其电源、半透半反镜、牛顿环装置、平移台,如图 3.14-1 所示。

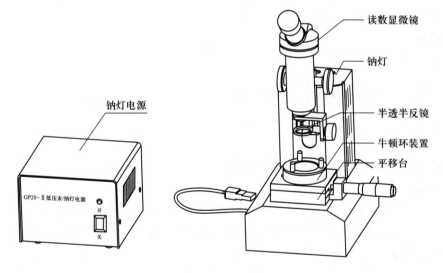

图 3.14-1　实验仪器

(1) 测量范围:50 mm。

(2) 显微镜物镜放大率为3,显微镜总放大率为30。

(3) 分划板测量范围:8 mm,测量精度:0.01 mm。

(4) 观察方式:45°斜视,半反镜可调,目镜筒可 360°旋转。

(5) 镜筒内有磁性防滑装置。

(6) 平凸透镜曲率半径:1 m。

(7) 载物台移动范围:25 mm。

(8) 钠灯功率:20 W;电源:220 V,50 Hz。

【实验原理】

将一个曲率半径很大的平凸透镜放在一块平板玻璃上,在透镜凸面和平板玻璃之间形成一个从中心向周边渐厚的空气膜。当一束平行单色光垂直入射时,光束将在空气膜上、下两表面形成反射光线,它们在空气膜上表面附近相遇而产生干涉。以玻璃接触点为中心出现的一系列明暗相间且间隔逐渐减小的同心圆环称为牛顿环。

如图 3.14-2 所示,设透镜曲率半径为 R,与接触点 O 相距 r 处的膜厚为 d,则有

$$R^2 = (R - d)^2 + r^2$$

因为 $R \gg d$,所以得到

$$d = \frac{r^2}{2R}$$

光线垂直入射时,几何光程差为 $2d$,考虑光波在平凸透镜上反射会有半波损失,所以总光程差为

$$\delta = 2d + \frac{\lambda}{2}$$

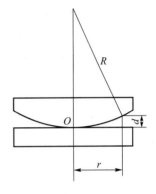

图 3.14-2　牛顿环原理示意图

根据光的干涉条件,产生暗环的条件是

$$\delta = (2m+1)\frac{\lambda}{2} \quad (m = 0,1,2,3,\cdots) \tag{3.14-1}$$

其中 m 为干涉级数。第 m 级暗环半径为

$$r_m = \sqrt{mR\lambda} \tag{3.14-2}$$

在实际观察干涉图样时,可以发现牛顿环的中心不是确定的一点,而是一个不甚清晰的或暗或明的圆斑。由于平凸透镜和平板玻璃接触时,接触压力将引起玻璃的形变,所以接触处不可能是一个点,而是扩大成一个面。另外接触面上难免存在细微的尘埃,将产生附加光程差,这给干涉级数带来某种程度的不确定性。在通常的测量中,取两个暗环半径平方的差值来消除附加光程差带来的误差,于是有

$$r_m^2 - r_n^2 = R(m - n)\lambda$$

所以有

$$R = \frac{r_m^2 - r_n^2}{(m - n)\lambda} \tag{3.14-3}$$

因为 m 和 n 有着相同的不确定程度,利用 $m-n$ 这一相对性测量恰好消除了由绝对测量的不确定性带来的误差。

由于中心是一个暗环,圆心又不能确定,以致暗环半径不能确定,所以用暗环直径代替暗环半径,得到

$$R = \frac{D_m^2 - D_n^2}{4(m - n)\lambda} \tag{3.14-4}$$

【实验内容】

接通钠灯约 5 min 后,灯泡发出较强的钠黄光。然后调整半透半反镜,使镜面与显微镜光轴成 45° 角,钠黄光被反射到牛顿环装置上。调节显微镜,看到清晰的牛顿环,

随后微微移动测微手轮,使牛顿环与叉丝相切,即叉丝应垂直于测微装置移动方向,如图 3.14-3 所示。

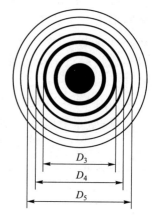

旋转测微手轮,使叉丝沿一个方向移动,如从牛顿环中心向右移动到相当远的某一环,如第 16 环,然后向左移至第 12 环暗条纹,外切并读出其对应的刻度值,继续向左移到第 11、第 10、第 9、…环,并一一读数,在测到第 3 环后继续向左移动,通过中心,继续向左移动读出第 3 环到第 12 环内切时的读数,记录于表格中,算出牛顿环各级暗环的直径,最后由公式求出透镜曲率半径 R。注意:在读数过程中,测微手轮只能顺着一个方向转动。

图 3.14-3　牛顿环条纹

【数据处理】

已知入射光波长 λ,利用测得的暗环的直径 D_m 和 D_n,计算平凸透镜的曲率半径 R。

【注意事项】

(1) 为延长钠灯使用寿命,在实验中不要随意开关钠灯,实验结束后及时关闭钠灯。

(2) 调节读数显微镜时,先将物镜调到离牛顿环较近的位置,然后自下而上调节镜筒,以免物镜与牛顿环装置碰撞而损坏。

(3) 调节劈尖或牛顿环上的调节螺钉时,不能用力过大,否则会影响测量精度或损坏器件。

(4) 在使用或存放仪器时,应避开灰尘、潮湿、过冷、过热及含有酸(碱)性气体的环境。

(5) 如果仪器光学配件表面有灰尘,可用镜头刷刷去灰尘;如果有脏物或油污,可用干净的脱脂棉蘸上酒精乙醚混合液擦净。切勿用手触摸光学配件表面,以免油脂、汗渍附着在上面。

(6) 实验结束后,应将仪器擦拭干净,放入干燥剂,罩上防护罩。

【思考与讨论】

(1) 牛顿环产生的条件是什么?

(2) 牛顿环的中心在什么情况下是暗的?在什么情况下是亮的?

(3) 分析牛顿环相邻暗(或亮)环之间的距离。

附录 1　大学物理实验常用数据

附表 1.1　基本物理常量表

物理量	符号	数值	单位	相对标准不确定度
真空中的光速	c	299 792 458	$m \cdot s^{-1}$	精确
普朗克常量	h	6.626 070 15×10^{-34}	$J \cdot s$	精确
元电荷	e	1.602 176 634×10^{-19}	C	精确
阿伏伽德罗常量	N_A	6.022 140 76×10^{23}	mol^{-1}	精确
摩尔气体常量	R	8.314 462 618…	$J \cdot mol^{-1} \cdot K^{-1}$	精确
玻耳兹曼常量	k	1.380 649×10^{-23}	$J \cdot K^{-1}$	精确
引力常量	G	6.674 30(15)×10^{-11}	$m^3 \cdot kg^{-1} \cdot s^{-2}$	2.2×10^{-5}
理想气体摩尔体积(标准状态)	V_m	22.413 969 54…×10^{-3}	$m^3 \cdot mol^{-1}$	精确
真空电容率	ε_0	8.854 187 812 8(13)×10^{-12}	$F \cdot m^{-1}$	1.5×10^{-10}
真空磁导率	μ_0	1.256 637 062 12(19)×10^{-6}	$N \cdot A^{-2}$	1.5×10^{-10}
电子质量	m_e	9.109 383 701 5(28)×10^{-31}	kg	3.0×10^{-10}
质子质量	m_p	1.672 621 923 69(51)×10^{-27}	kg	3.1×10^{-10}
中子质量	m_n	1.674 927 498 04(95)×10^{-27}	kg	5.7×10^{-10}
里德伯常量	R_∞	1.097 373 156 816 0(21)×10^7	m^{-1}	1.9×10^{-12}
精细结构常数	α	7.297 352 569 3(11)×10^{-3}		1.5×10^{-10}

注:表中数据为国际科学联合会理事会科学技术数据委员会(CODATA)2018 年的国际推荐值。

附表 1.2　在标准大气压下不同温度时水的密度

$t/℃$	$\rho/(kg \cdot m^{-3})$	$t/℃$	$\rho/(kg \cdot m^{-3})$	$t/℃$	$\rho/(kg \cdot m^{-3})$
0	999.841	8	999.849	16	998.943
1	999.900	9	999.781	17	998.774
2	999.941	10	999.700	18	998.595
3	999.965	11	999.605	19	998.430
4	999.973	12	999.498	20	998.203
5	999.965	13	999.404	21	997.992
6	999.941	14	999.244	22	997.770
7	999.902	15	999.099	23	997.538

$t/℃$	$\rho/(kg \cdot m^{-3})$	$t/℃$	$\rho/(kg \cdot m^{-3})$	$t/℃$	$\rho/(kg \cdot m^{-3})$
24	997.296	32	995.025	40	992.22
25	997.044	33	994.702	50	988.04
26	996.783	34	994.371	60	983.21
27	996.512	35	994.031	70	977.78
28	996.232	36	993.68	80	971.80
29	995.944	37	993.33	90	965.31
30	995.646	38	992.96	100	958.35
31	995.340	39	992.66		

附表 1.3　某些物质的密度(20 ℃时)

物质	$\rho/(kg \cdot m^{-3})$	物质	$\rho/(kg \cdot m^{-3})$
金	19 320	石英	2 500~2 800
银	10 500	水晶玻璃	2 900~3 000
铜	8 960	冰(0 ℃)	880~920
铁	7 874	乙醇	789.4
铝	2 698.9	乙醚	714
铅	11 350	汽油	710~720
锡	7 298	甘油	1 260
铂	21 450	水银	13 546.2

附表 1.4　在海平面上不同纬度处的重力加速度

$\varphi/(°)$	$g/(m \cdot s^{-2})$	$\varphi/(°)$	$g/(m \cdot s^{-2})$
0	9.780 49	30	9.783 38
5	9.780 88	35	9.797 46
10	9.782 04	40	9.801 80
15	9.783 94	45	9.806 29
20	9.786 52	50	9.801 79
25	9.789 69	55	9.815 15

$\varphi/(°)$	$g/(\text{m} \cdot \text{s}^{-2})$	$\varphi/(°)$	$g/(\text{m} \cdot \text{s}^{-2})$
60	9.819 24	80	9.830 65
65	9.822 94	85	9.831 82
70	9.826 14	90	9.832 21
75	9.828 73		

注:表中数值是根据公式 $g = 9.780\ 49(1+0.005\ 288\sin\varphi-0.000\ 006\sin^2\varphi)$ 算出的,其中 φ 为纬度。

附表 1.5　与空气接触的某些液体的表面张力系数(20 ℃时)

液体	$\sigma/(10^{-3}\ \text{N} \cdot \text{m}^{-1})$	液体	$\sigma/(10^{-3}\ \text{N} \cdot \text{m}^{-1})$
石油	30	水银	513
煤油	24	蓖麻油	36.4
甘油	63	乙醇	22.0
肥皂溶液	40		

附表 1.6　某些金属的杨氏模量的参考值(20 ℃时)

金属	E/GPa	金属	E/GPa
金	77	锌	78
银	69~80	镍	203
铜	103~127	铬	235~245
铁	186~206	合金钢	206~216
铝	69~70	碳钢	196~206
钨	407	康铜	160

附表 1.7　不同温度时水的黏度

$t/℃$	$\eta/(\mu\text{Pa} \cdot \text{s})$	$t/℃$	$\eta/(\mu\text{Pa} \cdot \text{s})$
0	1 787.8	60	469.7
10	1 305.3	70	406.0
20	1 004.2	80	355.0
30	801.2	90	314.8
40	653.1	100	282.5
50	549.2		

附表 1.8　某些液体的黏度

液体	$t/℃$	$\eta/(\mu Pa \cdot s)$	液体	$t/℃$	$\eta/(\mu Pa \cdot s)$
甲醇	0	817	甘油	−20	1.34×10^8
	20	584		0	1.21×10^7
乙醇	−20	2 780		20	1.499×10^6
	0	1 780		100	12 945
	20	1 190	蜂蜜	20	6.50×10^6
汽油	0	1 788		80	10^5
	18	530	水银	−20	1 855
蓖麻油	10	2.42×10^6		0	1 685
葵花籽油	20	50 000		20	1 554

附表 1.9　某些金属的电阻率及其温度系数(20 ℃时的平均值)

金属	电阻率/ $(10^{-6} \Omega \cdot m)$	温度系数/ $℃^{-1}$	金属	电阻率/ $(10^{-6} \Omega \cdot m)$	温度系数/ $℃^{-1}$
金	0.024	40×10^{-4}	锌	0.059	42×10^{-4}
银	0.016	40×10^{-4}	铂	0.105	39×10^{-4}
铜	0.017 2	43×10^{-4}	铅	0.205	37×10^{-4}
铁	0.098	60×10^{-4}	钨	0.055	48×10^{-4}
铝	0.028	42×10^{-4}	水银	0.958	10×10^{-4}

附录 2　实验报告表格

基础性实验一　长　度　测　量

姓名＿＿＿＿＿＿＿＿＿＿　　学号＿＿＿＿＿＿＿＿＿＿　　上课时间＿＿＿＿＿＿＿＿＿＿

表一　用米尺测量 A4 纸的长和宽

测量项目	测量量	测量次数						
		1	2	3	4	5	6	7
长 l /mm	l_1/mm							
	l_2/mm							
	Δl/mm							
	$\overline{\Delta l}$/mm							
宽 d /mm	d_1/mm							
	d_2/mm							
	Δd/mm							
	$\overline{\Delta d}$/mm							

表二　用游标卡尺测量圆柱体的直径和高，并求出体积

测量项目	测量次数							平均值
	1	2	3	4	5	6	7	
直径 d/mm								
高 h/mm								

表三　用螺旋测微器测量金属球的直径

测量项目	零点误差 D_0/mm	测量次数							平均值 $\overline{D}$/mm	修正值 $(\overline{D}-D_0)$ /mm
		1	2	3	4	5	6	7		
金属球直径 D/mm										

教师签字＿＿＿＿＿＿＿＿＿＿

基础性实验二　用天平测密度

姓名＿＿＿＿＿＿＿　学号＿＿＿＿＿＿＿　上课时间＿＿＿＿＿＿＿

1. 测量固体密度

表一　用物理（电子）天平测量规则金属球密度

测量项目	测量次数					平均值
	1	2	3	4	5	
小球的直径 d/mm						
小球的质量 m/g						

表二　用静力称衡法测量密度大于水的不规则固体的密度

测量项目	测量次数					平均值
	1	2	3	4	5	
物体在空气中的质量 m_1/g						
物体悬吊在水中的称衡值 m_2/g						

2. 测量液体密度

表三　用静力称衡法测量盐水密度

测量项目	测量次数					平均值
	1	2	3	4	5	
玻璃块的质量 m_1/g						
玻璃块悬吊在被测液体中的称衡值 m_2/g						
玻璃块悬吊在水中的称衡值 m_3/g						

表四　用比重瓶法测量盐水密度

测量项目	测量次数					平均值
	1	2	3	4	5	
空瓶的质量 m_1/g						
充满被测液体时的质量 m_2/g						
充满蒸馏水时的质量 m_3/g						

教师签字＿＿＿＿＿＿＿

147

基础性实验三　电磁学实验基本知识

姓名_____　　学号_____　　上课时间_____

表一　记录仪器的型号和主要规格

仪器名称	仪器型号	主要规格		
电压表		量程：	等级：	符号：
电流表		量程：	等级：	符号：
电阻箱		总电阻：	等级：	额定功率：
滑动变阻器		全电阻：	额定电流：	
直流电源		最大电压：	最大电流：	

表二　伏安法测电阻数据表格

测量次数	测量项目		
	电压 U/V	电流 I/mA	电阻 R/Ω
1	1.00		
2	2.00		
3	3.00		
4	4.00		
5	5.00		
平均值			

教师签字_____

基础性实验四　示波器的使用（1）

姓名＿＿＿＿＿＿＿＿　　学号＿＿＿＿＿＿＿＿　　上课时间＿＿＿＿＿＿＿＿

表一　方波、正弦波测量记录表

测量项目	频率		
	$f_{方波} = 1\ 000\ Hz$	$f_{正弦波} = 1\ 000\ Hz$	$f_{三角波} = 2\ 000\ Hz$
扫描时间/ （ms/div 或 μs/div）			
波形的一个或几个周期在 水平方向所占格数/div			
周期/s			
频率/Hz			
扫描电压/ （V/div）			
波形垂直高度所占 格数/div			
电压峰–峰值/V			
电压有效值/V			

教师签字＿＿＿＿＿＿＿＿

151

基础性实验四　示波器的使用（2）

姓名＿＿＿＿＿＿＿＿＿　学号＿＿＿＿＿＿＿＿＿　上课时间＿＿＿＿＿＿＿＿＿

表二　李萨如图形记录表

测量项目	频率比 $f_x : f_y$			
	1 : 1	2 : 1	3 : 1	3 : 2
f_x /Hz				
f_y /Hz				
图形				

表三　相位差记录表

测量项目	频率 f/Hz			
	600	800	1 000	1 200
$2b$/div				
$2a$/Hz				
φ/(°)				

教师签字＿＿＿＿＿＿＿＿＿

基础性实验六　磁场的描绘

姓名＿＿＿＿＿＿＿＿＿　学号＿＿＿＿＿＿＿＿＿　上课时间＿＿＿＿＿＿＿＿＿

表一　单个线圈轴线上磁感应强度记录表（$I = 100\ \text{mA}, R = 10.00\ \text{cm}, N = 500$）

x/cm	−2.00	−1.00	0.00	1.00	2.00	3.00	4.00	5.00	6.00
B_B/mT									
x/cm	7.00	8.00	9.00	10.00	11.00	12.00	13.00	14.00	15.00
B_B/mT									

表二　亥姆霍兹线圈轴线上磁感应强度记录表（$I = 100\ \text{mA}$）

x/cm	−7.00	−6.00	−5.00	−4.00	−3.00	−2.00	−1.00	0.00
B_A/mT								
B_B/mT								
$(B_A + B_B)/\text{mT}$								
B_{A+B}/mT								
x/cm	1.00	2.00	3.00	4.00	5.00	6.00	7.00	
B_A/mT								
B_B/mT								
$(B_A + B_B)/\text{mT}$								
B_{A+B}/mT								

教师签字＿＿＿＿＿＿＿＿＿

基础性实验七　测量薄透镜焦距

姓名＿＿＿＿＿＿＿＿　学号＿＿＿＿＿＿＿＿　上课时间＿＿＿＿＿＿＿＿

表一　自　准　法

测量次数	位置		
	x_0/cm	x/cm	f/cm
1			
2			
3			
4			
5			
6			
7			

$\overline{f}=$＿＿＿＿＿＿＿$;u_{\text{A}}(f)=$＿＿＿＿＿＿＿。

表二　公　式　法

测量次数	位置					
	x_0/cm	x/cm	x_1/cm	s/cm	s'/cm	f/cm
1						
2						
3						
4						
5						
6						
7						

$\overline{f}=$＿＿＿＿＿＿＿$;u_{\text{A}}(f)=$＿＿＿＿＿＿＿。

表三　共　轭　法

测量次数	位置						
	x_0/cm	x_1/cm	x_2/cm	x/cm	D/cm	d/cm	f/cm
1							
2							
3							
4							
5							
6							
7							

$\bar{f} =$ _____ ; $u_\text{A}(f) =$ _____ 。

表四　二倍焦距法

测量次数	位置			
	x_0/cm	x/cm	x_1/cm	f/cm
1				
2				
3				
4				
5				
6				
7				

$\bar{f} =$ _____ ; $u_\text{A}(f) =$ _____ 。

教师签字_____

158

综合性实验一　用单摆测量重力加速度（1）

姓名＿＿＿＿＿＿＿＿　学号＿＿＿＿＿＿＿＿　上课时间＿＿＿＿＿＿＿＿

表一　用米尺测线长 l_1

测量项目	测量次数							平均值
	1	2	3	4	5	6	7	
初读数/mm								—
末读数/mm								—
线长 l_1/mm								

表二　用游标卡尺测摆球直径

测量项目	测量次数							平均值
	1	2	3	4	5	6	7	
d/mm								

表三　在固定摆长的情况下,测单摆摆动 30 个周期的时间

测量项目	测量次数							平均值
	1	2	3	4	5	6	7	
$30T$/s								

教师签字＿＿＿＿＿＿＿＿

159

综合性实验一 用单摆测量重力加速度（2）

姓名_____ 学号_____ 上课时间_____

表四 改变摆长时,测单摆摆动 30 个周期的时间

测量次数		摆长 l/mm					
		500.0	600.0	700.0	800.0	900.0	1 000.0
$30T$/s	1						
	2						
	3						
	4						
	5						
	6						
	7						
平均值							

教师签字_____

综合性实验二　液体表面张力系数的测定

姓名＿＿＿＿＿＿＿＿　　学号＿＿＿＿＿＿＿＿　　上课时间＿＿＿＿＿＿＿＿

表一　力敏传感器定标

物体质量 m/g	0.500	1.000	1.500	2.000	2.500	3.000	3.500
输出电压 U/mV							

表二　纯水的表面张力系数测量(水的温度 $t=$＿＿＿＿＿℃)

测量次数	U_1/mV	U_2/mV	ΔU/mV	F/(10^{-3} N)	σ/(10^{-3} N·m^{-1})
1					
2					
3					
4					
5					
6					
7					

表三　乙醇的表面张力系数测量(乙醇的温度 $t=$＿＿＿＿＿℃)

测量次数	U_1/mV	U_2/mV	ΔU/mV	F/(10^{-3} N)	σ/(10^{-3} N·m^{-1})
1					
2					
3					
4					
5					
6					
7					

表四 甘油(丙三醇)的表面张力系数测量(甘油的温度 $t=$_____℃)

测量次数	U_1/mV	U_2/mV	$\Delta U/\mathrm{mV}$	$F/(10^{-3}\ \mathrm{N})$	$\sigma/(10^{-3}\ \mathrm{N\cdot m^{-1}})$
1					
2					
3					
4					
5					
6					
7					

教师签字_____

综合性实验三　摩擦系数的测定

姓名_____　学号_____　上课时间_____

表一　滑块移动速度的测量

测量项目	测量次数				
	1	2	3	4	5
初位置/m					
末位置/m					
位移/m					
时间/s					
速度/(m·s⁻¹)					
平均速度/(m·s⁻¹)	$v = (v_1 + v_2 + \cdots + v_n)/n =$				

表二　静摩擦系数和滑动摩擦系数的测量

测试速度_____,测试材料_____,法向压力_____。

位置		刚启动	移动中			
		0	1	2	3	4
摩擦力/kgf	1					
	2					
	3					
	4					
	5					
	平均值					
摩擦系数						

注:1 kgf≈9.8 N。

165

表三 法向压力不同时,摩擦力变化情况测量

测试速度_____,测试材料_____。

法向压力							
滑动摩擦力/kgf	次数	1					
		2					
		3					
		4					
		5					
	平均值						

表四 滑动速度不同时,滑动摩擦力测量

测试材料_____,法向压力_____。

测量项目		测量次数				
		1	2	3	4	5
滑动速度/($m \cdot s^{-1}$)	初始位置					
	末态位置					
	时间					
	速度					
滑动摩擦力/kgf	1					
	2					
	3					
	4					
	5					
	平均值					

教师签字_____

166

综合性实验四　用三线摆测量物体的转动惯量

姓名＿＿＿＿＿＿＿＿＿　　学号＿＿＿＿＿＿＿＿＿　　上课时间＿＿＿＿＿＿＿＿＿

$r = \dfrac{\sqrt{3}}{3}a =$ 　　　　　　　　$R = \dfrac{\sqrt{3}}{3}b =$ 　　　　　　　　$H_0 =$

下盘质量 $m_0 =$ 　　　　　　待测圆环质量 $m =$ 　　　　　　圆柱体质量 $m' =$

注：本实验的上摆悬线孔的半径 $r =$ ＿＿＿＿＿mm，下摆悬线孔的半径 $R =$ ＿＿＿＿＿mm。

表一　累积法测周期

测量项目		测量次数					平均值 /s	单个周期的平均值
		1	2	3	4	5		
摆动＿＿个周期所需时间 t/s	下盘							$T_0 =$ ＿＿＿＿＿ s
	下盘+圆环							$T_1 =$ ＿＿＿＿＿ s
	下盘+两圆柱							$T_x =$ ＿＿＿＿＿ s

表二　其他相关数据

测量项目	测量仪器		测量次数					平均值
			1	2	3	4	5	
上盘悬孔间距 a/cm	米尺	起点						
		终点						
		间距						
下盘悬孔间距 b/cm	米尺	起点						
		终点						
		间距						
上下盘间距 H/cm	米尺	起点						
		终点						
		间距						

测量项目	测量仪器	测量次数						平均值
			1	2	3	4	5	
待测圆环外直径 $2R_1$/cm	游标卡尺							
待测圆环内直径 $2R_2$/cm	游标卡尺							
小圆柱体直径 $2R_x$/cm	游标卡尺							
放置小圆柱体两小孔间距 $2x$/cm	米尺	起点						
		终点						
		间距						

教师签字_____

168

综合性实验五　弦线驻波与振动研究

姓名＿＿＿＿＿＿＿＿　学号＿＿＿＿＿＿＿＿　上课时间＿＿＿＿＿＿＿＿

表一　弦长＿＿＿＿＿cm,张力＿＿＿＿＿kg·m/s^2,线密度＿＿＿＿＿kg/m

波腹位置 /cm	波节位置 /cm	波腹数	波长 /cm	共振频率 /Hz	频率计算值 $f\left(=\sqrt{\dfrac{F_T}{\rho}}\dfrac{n}{2L}\right)$ /Hz	传播速度 $v(=2Lf/n)$ / $(m \cdot s^{-1})$

表二　张力＿＿＿＿＿kg·m/s^2,线密度＿＿＿＿＿kg/m

弦线长度 /cm	波腹位置 /cm	波节位置 /cm	波腹数	波长 /cm	共振频率 /Hz	传播速度 $v(=2Lf/n)$ / $(m \cdot s^{-1})$

表三　弦长＿＿＿＿＿cm,线密度＿＿＿＿＿kg/m

张力/ $(kg \cdot m \cdot s^{-2})$	波腹位置 /cm	波节位置 /cm	波腹数	波长 /cm	共振频率 /Hz	传播速度 $v(=2Lf/n)$ / $(m \cdot s^{-1})$

表四　弦长_____cm,张力_____kg·m/s^2

弦线	波腹位置/cm	波节位置/cm	波腹数	波长/cm	共振频率/Hz	线密度 $\rho\left[\,=F_{\mathrm{T}}(\,n/2Lf)^2\,\right]/$ $(\,\mathrm{kg\cdot m^{-1}}\,)$
弦线 1 ($\phi=0.35$ mm)						
弦线 2 ($\phi=0.40$ mm)						
弦线 3 ($\phi=0.52$ mm)						

教师签字_____

170

综合性实验六　杨氏模量的测定

姓名＿＿＿＿＿＿＿＿　学号＿＿＿＿＿＿＿＿　上课时间＿＿＿＿＿＿＿＿

1. 霍耳位置传感器的定标

表一　霍耳位置传感器静态特性测量

m/g	0.00	20.00	40.00	60.00	80.00	100.00
z/mm	0.00					
U/mV	0.00					

2. 杨氏模量的测量

测量数据分别为 $d=$＿＿＿＿＿＿cm, $b=$＿＿＿＿＿＿cm, $a=$＿＿＿＿＿＿mm。

表二　铸铁样品的位移测量

m/g	0.00	20.00	40.00	60.00	80.00	100.00
z/mm	0.00					

教师签字＿＿＿＿＿＿＿＿

综合性实验七 用落球法测量液体的黏性系数

姓名＿＿＿＿＿＿＿＿ 学号＿＿＿＿＿＿＿＿ 上课时间＿＿＿＿＿＿＿＿

表一 小球参量测量

测量项目	测量仪器	测量次数										平均值
		1	2	3	4	5	6	7	8	9	10	
小球的质量 m /mg	电子天平											
小球的直径 d /mm	螺旋测微器											

表二 量筒参量测量

测量项目	测量仪器	测量次数					平均值
		1	2	3	4	5	
量筒的内径 D/mm	游标卡尺						

表三 其他参量测量

测量项目	测量仪器		测量次数					平均值
			1	2	3	4	5	
液柱高度 H/mm	米尺	H_1						
		H_2						
		ΔH						
两光电门间距 L/mm	米尺	L_1						
		L_2						
		ΔL						

表四　小球下落时间记录表

测量项目	测量次数					平均值
	1	2	3	4	5	
小球在液体中下落时间 t/s						

表五　液体温度记录表

测量项目	测量仪器	测量次数		平均值
		开始时	结束时	
液体的温度/℃				

教师签字＿＿＿＿＿＿＿＿

174

综合性实验八　用四端法测量低值电阻

姓名＿＿＿＿＿＿＿＿　　学号＿＿＿＿＿＿＿＿　　上课时间＿＿＿＿＿＿＿＿

表一　待测电阻 R_{x1}

测量项目	测量次数						
	1	2	3	4	5	6	7
U/mV							
I/mA							
R_{x1}/Ω							

表二　待测电阻 R_{x2}

测量项目	测量次数						
	1	2	3	4	5	6	7
U/mV							
I/mA							
R_{x1}/Ω							

表三　铜电阻阻值随温度变化

测量项目	测量次数						
	1	2	3	4	5	6	7
温度/℃							
U/mV							
I/mA							
R_{x1}/Ω							

表四　锰铜电阻阻值随温度变化

测量项目	测量次数						
	1	2	3	4	5	6	7
温度/℃							
U/mV							
I/mA							
R_{x1}/Ω							

教师签字_____

176

综合性实验九　用示波器观测铁磁材料的磁化曲线和磁滞回线

姓名＿＿＿＿＿＿＿＿　学号＿＿＿＿＿＿＿＿　上课时间＿＿＿＿＿＿＿＿

表一　硅钢片磁化曲线测试记录表　$R_1 = $＿＿＿＿$\Omega$，$R_2 = $＿＿＿＿$k\Omega$

序号	1	2	3	4	5	6	7	8	9	10	11	12
x/div	0	0.20	0.40	0.60	0.80	1.00	1.50	2.00	2.50	3.00	4.00	5.00
$H/(\text{A} \cdot \text{m}^{-1})$												
y/div												
B/mT												

表二　硅钢片动态磁滞回线测试记录表

x/div	$H/(\text{A} \cdot \text{m}^{-1})$	y/div	B/mT	x/div	$H/(\text{A} \cdot \text{m}^{-1})$	y/div	B/mT
5.00				−5.00			
4.00				−4.00			
3.00				−3.00			
2.00				−2.00			
1.00				−1.00			
0				0			
		3.00				−3.00	
−1.00				1.00			
		2.00				−2.00	
−2.00				2.00			
		1.00				−1.00	
		0				0	
		−1.00				1.00	
		−2.00				2.00	
		−3.00				3.00	
−3.00				3.00			
−4.00				4.00			
−5.00				5.00			

教师签字＿＿＿＿＿＿＿＿

综合性实验十　新型十一线电位差计实验

姓名＿＿＿＿＿＿＿＿＿　学号＿＿＿＿＿＿＿＿＿　上课时间＿＿＿＿＿＿＿＿＿

表一　测内置电源电动势

测量项目	工作电源电压/V	待测值/V（近似值）	电阻丝的长度 L_x/m				电动势测量值/V
			1	2	3	平均值	
0~0.9 V 待测电动势		0.05					
		0.1					
		0.15					
		0.3					
		0.6					
		0.9					
1.2~2.1 V 待测电动势		1.2					
		1.5					
		1.8					
		2.1					

表二　测干电池电动势

工作电源电压/V	待测值/V（近似值）	电阻丝的长度 L_x/m				干电池电动势/V
		1	2	3	平均值	

表三　测电池内阻

工作电源电压/V	电阻箱阻值 R'/Ω	电阻丝的长度 L_x/m				路端电压 E'/V
		1	2	3	平均值	

教师签字＿＿＿＿＿＿＿＿＿

综合性实验十一   *RLC* 电路稳态特性的研究

姓名＿＿＿＿＿＿＿   学号＿＿＿＿＿＿＿   上课时间＿＿＿＿＿＿＿

表一   *RC* 串联电路的幅频特性

频率/Hz	100	200	300	400	500
U_R/mV					
U_C/V					
频率/Hz	600	700	800	900	1 000
U_R/mV					
U_C/V					

表二   *RL* 串联电路的幅频特性

频率/Hz	100	200	300	400	500
U_R/V					
U_L/V					
频率/Hz	600	700	800	900	1 000
U_R/V					
U_L/V					

表三   *RLC* 串联电路的幅频特性

频率/Hz	600	700	800	900	1 000
U_R/mV					
U_C/V					
U_L/mV					

教师签字＿＿＿＿＿＿＿

综合性实验十二 霍 耳 效 应

姓名_____ 学号_____ 上课时间_____

表一 测螺线管轴线上的磁感应强度

$K_H =$ _____ mV/(mA·T), $l = 280$ mm, $N = 2\,800$

x/cm	0.00	2.00	4.00	6.00	8.00	10.00	11.00	12.00	12.50
$+I, +B$									
$-I, +B$									
$-I, -B$									
$+I, -B$									
U_H/mV									
B/T									
x/cm	13.00	13.50	14.00	14.50	15.00	15.50	16.00	16.50	17.00
$+I, +B$									
$-I, +B$									
$-I, -B$									
$+I, -B$									
U_H/mV									
B/T									

教师签字_____

综合性实验十三　光的偏振特性研究

姓名_____　学号_____　上课时间_____

表一　数据表格 1

θ	θ'	线偏振光经过 $\dfrac{\lambda}{2}$ 片后振动方向转过的角度
0°		
15°		
30°		
45°		
60°		
75°		
90°		

表二　数据表格 2

转动 P_1 角度 θ	P_2 转 360° 观察到的现象	光的偏振状态
0°		
15°		
30°		
45°		
60°		
75°		
90°		

教师签字_____

综合性实验十四 用牛顿环测量平凸透镜的曲率半径

姓名_____ 学号_____ 上课时间_____

表一 数 据 表 格

环次	测微手轮读数/mm		第 n 环直径 D/mm （右读数－左读数）	直径平方 D^2 /mm²	相隔 5 环直径平方差 $(D_m^2 - D_n^2)$/mm²	R/mm
	左	右				
12					$D_{12}^2 - D_7^2 =$	
11					$D_{11}^2 - D_6^2 =$	
10					$D_{10}^2 - D_5^2 =$	
9					$D_9^2 - D_4^2 =$	
8					$D_8^2 - D_3^2 =$	
7					$\overline{R} =$	
6						
5						
4						
3						

教师签字_____

参 考 文 献

防伪查询说明

用户购书后刮开封底防伪涂层,利用手机微信等软件扫描二维码,会跳转至防伪查询网页,获得所购图书详细信息。也可将防伪二维码下的20位密码按从左到右、从上到下的顺序发送短信至106695881280,免费查询所购图书真伪。